生态环境监测技术与环境保护

崔丽舟 成牧兰 主编

延边大学出版社

图书在版编目（CIP）数据

生态环境监测技术与环境保护 / 崔丽，舟成，牧兰主编. -- 延吉：延边大学出版社，2022.8
ISBN 978-7-230-03438-8

Ⅰ. ①生… Ⅱ. ①崔… ②舟… ③牧… Ⅲ. ①生态环境－环境监测②生态环境保护 Ⅳ. ①X835②X171.4

中国版本图书馆CIP数据核字(2022)第138053号

生态环境监测技术与环境保护

主　　编：崔　丽　舟　成　牧　兰	
责任编辑：董　强	
封面设计：正合文化	
出版发行：延边大学出版社	
社　　址：吉林省延吉市公园路977号	邮　　编：133002
网　　址：http://www.ydcbs.com	E-mail：ydcbs@ydcbs.com
电　　话：0433-2732435	传　　真：0433-2732434
印　　刷：天津市天玺印务有限公司	
开　　本：710×1000　1/16	
印　　张：13	
字　　数：200 千字	
版　　次：2022 年 8 月 第 1 版	
印　　次：2024 年 6 月 第 2 次印刷	
书　　号：ISBN 978-7-230-03438-8	

定价：68.00元

编写成员

主　　编：崔丽舟　成牧兰

副 主 编：唐旖旎　白永慧　殷　苏

　　　　　龙　俊　梁建亭

主编单位：聊城市茌平区环境监控中心

　　　　　维尔利环保科技集团股份有限公司

　　　　　湖南景玺环保科技有限公司

　　　　　中国石油招标中心西北分中心

　　　　　重庆钧卓工程技术咨询有限公司

　　　　　成都易态科技有限公司

　　　　　辽宁先达农业科学有限公司

前　言

随着环境保护事业的快速发展，我国的生态保护工作已逐渐被提升到前所未有的高度，环境保护工作的重点已由单纯污染控制转向生态保护和生态良性循环。作为了解和掌握生态环境质量现状及其变化趋势的重要手段，生态环境监测成为生态保护必不可少的重要组成部分。在当前生态环境监测任务日益繁重、监测技术要求不断提高的形势下，从事生态环境监测的专业技术人员需要同步提升自身的技术水平和科研能力。本书系统介绍了生态环境监测中涉及的监测与调查技术，力图使生态环境监测专业技术人员对生态环境监测与调查的技术方法有一个全面的掌握，从而促进全国环境监测系统整体技术水平和科研能力的提升。

本书分为两部分，第一部分为第一章至第三章，主要包括生态环境保护与监测概述、生态环境遥感监测技术、生态环境地面监测技术等生态环境监测技术相关内容；第二部分为第四章至第六章，主要包括水环境监测与保护、大气环境监测与保护、土壤环境监测与保护等相关内容。

本人在编写本书的过程中，参阅了相关的文献资料，在此谨向相关作者表示衷心的感谢。由于本人水平有限，书中内容难免存在不妥、疏漏之处，敬请广大读者批评、指正，以便进一步修订和完善。

笔者

2022 年 5 月

目 录

第一章 生态环境保护与监测概述 ································ 1

    第一节 生态环境保护的相关概念与发展 ···················· 1

    第二节 生态环境的保护与管理 ···························· 5

    第三节 生态环境监测 ·································· 17

第二章 生态环境遥感监测技术 ·································· 25

    第一节 生态环境遥感监测概述 ··························· 25

    第二节 遥感影像选择 ·································· 34

    第三节 影像几何校正 ·································· 37

    第四节 遥感解译 ······································ 45

    第五节 解译数据统计分析 ······························ 58

第三章 生态环境地面监测技术 ·································· 71

    第一节 生态环境地面监测的内涵、意义 ·················· 71

    第二节 监测区域和样地设置 ···························· 73

    第三节 野外监测与采样 ································ 79

    第四节 生物要素监测的质量保证与质量控制 ·············· 93

第四章 水环境监测与保护 … 97

第一节 水环境监测概述 … 97

第二节 水质监测方案的制订 … 99

第三节 水样的采集、保存和预处理 … 107

第四节 水污染防治与保护 … 118

第五章 大气环境监测与保护 … 140

第一节 大气环境污染的概述 … 140

第二节 大气环境监测的方法 … 147

第三节 大气环境保护 … 158

第六章 土壤环境监测与保护 … 166

第一节 土壤及监测的相关概述 … 166

第二节 土壤环境质量监测方案 … 170

第三节 土壤样品的采集与制备 … 177

第四节 土壤污染的监测内容 … 184

第五节 我国土壤污染防治与保护 … 191

参考文献 … 198

第一章 生态环境保护与监测概述

第一节 生态环境保护的相关概念与发展

一、生态学的概念与发展

"生态"这个名词的解释,可大致分为两类:第一类是从字面上的解释,即生物生长的状态,具体指生物的多少、大小,各部分构造特征、分布、演化规律,等等。这种定义与古今生态学家研究的内容相比不够全面。第二类则从它的内涵去探讨。

生态学的英文名称是 ecology,来源于希腊文 oekologie,这个词由 oikos 和 legos 两个词构成,前者意思是住处或栖居地,后者表示学科。从字义上理解,生态学是研究生物有机体与其栖居环境相互关系的科学。因此,英文字面对"生态"的定义:生物有机体与其栖居环境的相互关系。1867年德国生物学家赫克尔(Ernst Haeckel)首先提出生态学(oekologie)这一概念,其最初的含义是有关自然预测的学说。为了能够了解自然界的生命有机体,必须认识生物与非生物之间的相互作用和相互依存的关系。从这个意义上讲,生态学便被理解为关于生物与生物之间,以及生物与环境之间相互作用规律的科学。这样,"生态"的定义则相当于生物与生物之间,生物与环境之间的相互作用规律。

泰勒(Taylor)认为生态学是研究所有环境与生物间的各种关系的科学;史密斯(Smith)认为生态学是研究生物体与其栖居之间关系的科学,从而主张生态学又可称为环境生物学(environmental biology);奥德姆(Odum)还特别强调生态学是研究生态系统的构造和功能的科学。

当代学者综合各家之见,认为生态学是研究生物与其环境相互关系的科学,从而得出本文中"生态"的定义,也就是生物与其环境的相互关系。

二、环境学的概念与发展

"环境"可以小到微生物生存的微小空间,也可以大到宇宙空间,其含义和内容极为丰富,但又随各种具体状况而变。从哲学上来讲,"环境"是一个相对于主体而言的客体,这个客体是指主体以外的,且围绕主体占据一定空间,构成主体生存条件的各种物质和精神状态,它与其主体相互依存。其具体内涵随着主体的不同而不同。然而,在不同的学科中,"环境"一词的科学定义也不相同,其差异源于主体的界定。对于当今环境科学而言,"环境"的含义应该是"以人类社会为主体的外部世界的总体。"这里所讲的外部世界主要指:人类已经认识到的直接或间接影响人类生存与社会发展的周围事物的状态。它既包括未经人类认识和改造过的自然界的众多要素,如宇宙射线、阳光、大气、陆地(山地、丘陵、平原等)土壤、水环境(江河、湖泊、海洋等)、天然森林和草原、野生动植物等;又包括经过人类社会加工改造过的自然界,如城市、村落、水库、港口、公路、铁路、机场、园林、娱乐场所等。它既包括这些物质性的要素,也包括由这些要素所构成的系统及其所呈现的精神状态,实际上是人类周围的自然环境及社会环境。

近年来，随着形势的发展和某些工作的需要，"环境"被赋予了特定的定义。例如，《中华人民共和国环境保护法》第二条规定："本法所称环境，是指影响人类生存和发展的各种天然的和经过人工改造的自然因素的总体，包括大气、水、海洋、土地、矿藏、森林、草原、湿地、野生生物、自然遗迹、人文遗迹、自然保护区、风景名胜区、城市和乡村等。"

从上述对环境的定义，可以明确环境学就是研究环境的科学，作为研究的对象，随着学科的不同，其内容有所不同，随着时间的流逝、工作的需要，内涵面也可以变窄。如当代学者下了一个新定义："环境学"是一门研究人类社会发展活动与环境演化规律之间相互作用关系，寻求人类社会与环境协同演化、持续发展途径与方法的科学。这个定义是围绕人这个主体，解决周围环境问题的一个具有实用性、内涵比较复杂的定义，其与哲学观点的环境学的广义定义是一致的。

三、环境保护学的概念与发展

如今的环境保护就是指利用现代环境科学理论与方法，协调人类和环境的关系，解决各种环境问题，进而创建美好环境的一切人类活动的总称。在不同的历史阶段、不同国家和地区，由于政治、经济、文化等的发展水平不一致，人类的生存环境表现出各种不同的问题，因而环境保护工作的目标、内容、任务和重点也都随之改变。

环境保护的发展历程，大致可分为两大阶段：第一阶段即未正式制定限制法律之前的自发本能阶段，这个阶段自原始社会就开始了，那时候人们为了生存，想过很多进行环境保护的方法，但由于条件、知识的限制，工作做得不够深入细致。第二阶段是正式立法之后的迅猛发展阶段，具体来说，又可分为四个小阶段：

（一）限制阶段

在 20 世纪初期，相继发生了比利时马斯河谷烟雾、美国洛杉矶光化学烟雾、英国伦敦烟雾、日本水俣病和骨痛病、日本四日市大气污染和米糠油污染事件等。由于当时尚未弄清这些公害事故的成因和形成机理，政府一般采取强硬的限制措施，制定限制法律，以防局面进一步恶化，如英国当时就制定法律，限制燃料使用量和污染物排放时间。

（二）"三废"治理阶段

20 世纪 50 年代末，环境污染问题日益突出，保护环境也成了国际性的大问题，于是各发达国家率先成立了环境保护机构。当时的着眼点主要是工业污染，所以环境保护工作就是治理污染源，减少排污量。在法律方面发达国家颁布了一系列环境保护法规和标准；在经济方面给厂矿企业增添补助资金，帮助其建设净化设施，并通过征收排污费或实行"谁污染、谁治理"的政策，解决环境污染的治理费用问题。本阶段虽然环境污染有所控制，环境质量有所提高，但所采取的是尾部治理措施，从根本上讲是被动的。

（三）规划管理阶段

20 世纪 80 年代初，由于一些发达国家经济萧条，并且全球范围出现能源危机，因此各国都急需协调好发展、就业和环境三者之间的关系，同时探索出具体的解决办法和途径。此时环境保护工作重点都放在制定经济增长、合理开发利用自然资源与环境保护相协调的长期政策上。具体做法表现出这样的特点：特别重视环境规划和环境管理，对环境规划措施既要求做到促进经济发展，也要求做到保护好环境,要同时获得较好的经济效益和环境效益,在发展经济的同时提高环境质量。

(四)环境与发展阶段

1992年6月,联合国环境与发展大会在里约热内卢召开,这标志着世界环境保护工作又上了一个新台阶,即探求环境与人类社会发展的协调办法,实现人类与环境的可持续发展。环境保护工作已从单纯治理污染,扩大到人类发展、社会进步这个更广阔的范围,"环境与发展"已成为世界环境保护工作的主题。

第二节 生态环境的保护与管理

一、生态环境保护的持续发展

(一)可持续发展的由来、概念及内涵

1. 可持续发展的由来

我国古代朴素的可持续发展的思想由来已久,在春秋战国时期就有保护正在怀孕和产卵的鸟兽鱼鳖从而"永续利用"的思想和封山育林定期开禁的法令。战国时期的荀子特别注重遵循生态学的季节规律(时令),重视自然资源的持续保护和永续利用,把保护自然资源视作安邦治国之策。

现代可持续发展的思想的提出源于人们对环境问题的逐步认识和热切关注。20世纪70年代起,受人类活动的影响,全球人口剧增、资源短缺、环境恶化与不均衡发展的全球性问题,引起了国际社会的普遍关注。受联合国环境规划署委托，国际自然保护联合会在世界野生生物基金会的支持和协助下制定了《世界自然资源保护大纲》，这一大纲明确地提出了可持续发展的概念及其实现的途径。

世界自然保护联盟推出了另一部具有国际影响力的文件《保护地球》。在这一文件对可持续发展的概念作了进一步的阐述，给出的定义是"改进人类的生活质量，同时不要超过支持发展的生态系统的负荷能力"。联合国成立了世界环境与发展委员会，要求该组织以"持续发展"为基本纲领，制定"全球的变革日程"。该组织通过在世界各地长达4年的广泛调查、论证和研究，向联合国提交了一份题为《我们共同的未来》的长篇报告。该报告正式提出了可持续发展的模式，并对当前人类在经济发展和保护环境方面存在的问题进行了全面和系统的评价，一针见血地指出，过去我们关心的是经济发展对环境带来的影响，而现在我们则迫切地感到生态的压力，如土壤、水、大气、森林的退化对经济发展所带来的影响。

巴西里约热内卢召开的联合国环境与发展大会通过的《21世纪议程》，第一次把可持续发展由理论和概念推向行动，是当代人对可持续发展理论认识深化的结晶。这次会议以可持续发展为指导思想，从政治平等、消除贫困、环境保护、资源管理、生产和消费方式、科学技术、立法、国际贸易、动员广大群众参与、加强能力建设和国际合作等方面进行了讨论，在许多重要问题上达成共识。

《21世纪议程》是世界各国为促进全球可持续发展而制定的一个共同行动准则，它反映了实现全球持续发展战略目标，在环境与发展领域广泛开展合作的全球共识和最高级别的政治承诺。作为大会后续工作的一个重要内容，联合国要求世界各国以《21世纪议程》为指导原则，制定本国的可持续发展国家战略，并逐步付诸实施。

2.可持续发展的概念

从字面上理解,"可持续发展"是指促进发展并保证其具有可持续性,显然,它包括两个概念:可持续性和发展。

(1) 可持续性的含义

持续(sustain)一词来自拉丁语 sustenere,意思是"维持下去"或"保持继续提高"。一个可持续的过程是指该过程在一个无限长的时间内,可以永远地保持下去,而系统的内外不仅没有数量和质量的衰减,甚至还有所提高。针对资源与环境,则可以理解为保持或延长资源的生产使用性和资源基础的完整性,即意味着使自然资源永远为人类所利用,不至于因其耗竭而影响后代人的生产和生活。

可持续性最基本的、必不可少的情况是保持自然资源总量不变或比现在的水平更高。从普通意义上说,任何一种行为方式都不可能永远持续不断地进行下去。通常所讲的持续,只是在人类现有认识水平的可预见的"持续"。现实世界还有许多不确定和尚未为人所知的东西,因此目前很难给"可持续性"下一个精确的定义。

(2) 发展的定义

《现代汉语词典》(第7版)对发展的定义为:事物由小到大、由简单到复杂、由低级到高级的变化。

(3) 可持续发展的定义

联合国环境与发展大会通过的《里约环境与发展宣言》对可持续发展的阐述为"人类应享有以与自然相和谐的方式过健康而富有成果的生活的权利,并公平地满足今世后代在发展和环境方面的需要,求取发展的权利必须实现"。

我国学者和专家认为,可持续发展比较完整的定义是:不断提高人群生活质量和环境承载力的、满足当代人需求又不损害子孙后代满足其需求能力的、满足一个地区或一个国家的人群需求又不损害别的地区或国家的人群满足其需求能力的发展。这个定义包含三层意思：一是人类要发展，尤其要考虑使穷人摆脱贫困的问题；二是发展要以环境承受能力为限度；三是发展要有长远观点和全局观点，不能危及后代人和其他地区及别国人群需求的发展。

3.可持续发展的内涵

可持续发展的内涵主要包括三个方面：一是以自然资源的可持续利用和良好的生态环境为基础；二是以经济可持续发展为前提；三是以谋求社会的全面进步为目标。具体内涵有以下几方面：

（1）可持续发展的人口观

要实现社会的可持续发展，必须把人口保持在可持续发展的水平上。人口的增长，必须与经济发展水平和环境的承载量相适应。据统计，世界人口正以日增25万人的速度飞速膨胀，而世界人口的增长主要发生在发展中国家。预计到2025年，发展中国家人口将增加到68亿。人口的剧增，给环境带来巨大压力，甚至破坏了生态系统。因此，如何尽快降低世界人口的增长率是当前世界面临的又一严峻挑战。

为了资源的可持续发展，一定要研究制定正确的人口政策及相关政策，采取各种有效措施，把人口增长控制在一定的水平。同时，要大力发展教育，依靠科技进步不断提高人口素质，提高人民的环境质量和生活质量。

（2）可持续发展的资源观

自然资源是国民经济赖以发展的物质基础。自然资源与人类社会和经济发展存在相互作用、相互制约的密切关系。可持续发展要求保护人类生存与发展所必需的资源基础。保护资源不仅是为了满足当代人的需要，也是为了子孙后代的生存和发展。对于世界上工业发达的国家来说，其需要解决高消费水平的问题；而对于发展中国家来说，其需要解决的则是如何满足人民最低需要的问题。当人们在生存、生活、生产以及社会活动中对必需的物质基础没有其他选择时，对资源的需求就会增加。例如，由于人口的迅速增加，工农业生产及城市的发展，土地资源的紧张状况将明显加剧。这就要求人们对土地资源进行合理的开发，以满足人类可持续发展的需要。

为了确保有限的自然资源能够满足经济可持续发展的要求，必须对资源进行合理的开发利用和保护，使资源开发、资源保护与经济建设同步发展。可持续发展强调对不同属性的资源采取不同的对策。如对不可再生的矿产资源，要提高开采率，注意节约，加强综合利用，加强回收和循环使用，并尽可能使用代用品和新能源。例如，使用可降解塑料以代替铜、铝、锌和锡等金属；探索和开发太阳能、生物能、氢能、潮汐能、风能等新能源。对再生资源的利用，要限制在其再生产的承载力限度内。同时，要采用人工措施促进可再生资源的再生产，保证可再生资源的持续利用。

（3）可持续发展的环境观

可持续发展要求人类在发展经济的同时，采取保护环境和合理开发与利用自然资源的方针，实现经济、社会与环境的协调发展。过去过度的掠夺式的消费方式和不可持续的生产方式，造成了今天威胁着人类的环境危机，这就需要各国采取有效的措施，切实保护环境。

为了使环境和经济协调发展，实现人类和自然的和谐统一，世界各国都要从全球、全局和长远的角度考虑环境保护问题。要加强全球、区域、双边之间的环境领域合作，加强环境法治建设，增加环境保护投入，建立综合决策机制，广泛开展环境教育，等等。

（4）可持续发展的科技观

科学技术是连接人类和自然的纽带。当今世界，各主要国家都把科学技术的发展列入重大战略课题，通过可持续科学技术成果，既直接促进经济发展，又使环境受益。例如，在基础无机化工原料硫酸的生产中，以先进的酸洗工艺技术代替落后的水洗工艺技术，就可以同时达到提高生产效率进而降低成本，提高产品竞争力和消除含酸废水对环境所造成污染的双重效益。对于发展中国家来说，一是要增加科技投入，加强技术革新能力，以便更有效地迎接可持续发展的挑战。二是要改变技术的方向，使科学技术的发展和应用建立在促进经济发展、提高环境质量的基础上。三是在引进发达国家的技术的同时，研究、设计、开发和推广适合自己的技术。

（5）可持续发展的全球观

人类共同生活在一个地球上，当前世界上的许多资源与环境问题已超越国界和地区界限。要实现全球的可持续发展，就必须建立起牢固的国际秩序和合作关系。对于发展中国家而言，首要任务是发展经济、消除贫困，国际社会应给予帮助和支持。保护环境、珍惜资源是全人类共同的任务。在对待全球资源与环境上，各国、各地区间既有共同利益，又有利害冲突，有必要制定全球性资源发展战略并进行调控。对于大气、海洋和其他生态系统，要在同一目标的前提下进行管理。

（二）我国的可持续发展

实施可持续发展是一个系统工程。一个可持续发展的人类社会有赖于其生产、生活和生态调控功能的协调，有赖于持续的资源供给能力，有赖于社会的宏观调控能力，以及民众的自我参与意识。

1.我国可持续发展的总体框架

我国可持续发展行动计划的结构大致可分成四个层次：

第一层次是可持续发展的支持系统。支持系统主要包括社会支持系统、经济支持系统、资源支持系统、环境支持系统及决策支持系统五个方面。

第二层次为方案领域。每个支持系统包括若干方案领域。决策支持系统主要由可持续发展的理论、方法研究及决策的形成过程所依据的领域构成，包括我国可持续发展策略的制定、信息系统的建立与决策咨询，以及试验示范区的研究。社会支持系统主要由人及其社会保障和可持续发展的保障体系，如政策、法规、教育、公众参与等方面的方案领域构成。经济系统主要包括农业及工业产业系统、城乡建设、商业服务等领域，其核心是通过合理的产业结构、布局，工艺技术的革新提高资源的利用效率，减少污染物的排放，促进经济支持系统的良性发展。资源支持系统包括人类生活、生产及发展所依赖的土地、水、能源、矿物及生物资源等方面。环境支持系统包括环境的污染与防治、自然环境及自然生态系统的保护与恢复以及全球变化等方案领域。

第三层次是根据总体战略目标以及我国资源环境与发展中所面临的重大问题而设立的重点方案。重点方案的设立是为了改善五个支持系统，提高区域乃至整个国家的可持续发展能力。重点方案涉及持续发展能力以及我国所面临的重大环境问题有关的政策、产业系统及技术，自然环境的恢复与改善，生活质量的提高，等等。

第四层次由重点方案之下的优先项目构成。这些优先项目确定的依据包括项目所涉及问题影响的时空范围、项目对可持续发展能力建设的贡献大小、项目对促进环境与经济协调发展的潜力与作用，以及项目实施的可行性。

2. 我国可持续发展的空间分布

由于我国自然环境及社会经济发展存在地域差异，在空间研究的重点计划与优先项目方面也应因地而异。

东部沿海地带，应着重研究高速经济发展、城市化及工业化过程中环境与发展的矛盾，生产及消费方式的更新，价值观及行为规范的转变，探索一条中国式的沿海地区持续发展之路。

中部内陆地带，应着重研究在急剧的人口膨胀、过度的资源开采及频繁的自然灾害下，采取繁荣区域经济，发展生态农业，恢复生态功能的对策。

西部边远地带，应着重探索边远地区资源的合理开发利用，促进与沿海、内陆之间的合作共存，探索边远地区可持续发展对策。

3.我国可持续发展优先项目的选择

综合考虑国内特点和基本国情，结合当前国际热点问题和发展趋势，选择我国可持续发展优先项目。这些项目系统的实施，对我国的社会、经济尽快走上可持续发展的轨道具有重要意义。

（1）优先项目的选择原则

根据我国国情，在以经济建设为中心的基本方针指导下，优先考虑所面临的严峻的环境和生态破坏问题。

在我国由资源型经济发展向技术型可持续经济发展过渡时期，要特别重视通过产业结构调整，合理布局，开发应用高新技术，实施清洁生产和文明消费，以提高效益，节约资源和能源，减少废物排放和改变传统发展模式的项目。

经济、社会和生态环境是相互关联的系统。要特别注重涉及第三者综合发展的优先领域和项目。

能力建设是可持续发展的首要条件，要在人员培训、政策立法、机构建设、信息系统及提高公众可持续意识方面给予优先考虑。

因此，优先项目的确定应体现滚动管理的原则，随着经济、社会和生态环境的变化，在对已实施或正在实施的优先项目的作用和影响进行评价的基础上，适时适地对优先领域和项目进行补充和调整，确定能够加快我国可持续发展进程的国际合作的优先项目。

（2）优先项目计划的目标

近期目标。重点针对我国现在的环境与发展的突出矛盾，采取应急行动，并为长期可持续发展的重大举措打下坚实基础，在保持我国经济稳定增长的情况下，使环境质量、生活质量有所提高，资源状况不再恶化。

中期目标。重点是采取一系列可持续发展行动来改变发展模式和消费模式，完善适应于可持续发展的管理体制、经济政策、技术体系和社会行为规范。

长期目标。重点是恢复和健全我国经济社会生态系统调控功能，使我国的经济、社会发展保持在环境和资源的承载能力之内，探索一条适合我国国情的高效、和谐、可持续发展的现代化道路，对全球的可持续发展进程做出应有的贡献。

二、生态环境的管理

（一）环境管理的概念、手段和内容

1. 环境管理的概念

环境管理是在环境保护的实践中产生并在实践中不断发展起来的。起初，我国的环境管理仅仅是作为一项控制污染、组织污染治理的一般性工作在环境保护事业中存在的。这种狭义的环境管理只是单一地去考究环境问题，并没有从环境与发展的高度、从国家经济社会发展战略和发展计划的高度来管理环境。随着环境问题的发展，尤其是人们对环境问题认识的不断提高，人们已普遍认识到，要从根本上解决环境问题，必须从经济社会发展的战略高度去采取对策和制定措施。因此，广义的环境管理逐渐形成，即运用经济、法律、技术、行政、教育等手段，限制人类损害环境质量的活动，通过全面规划使经济发展与环境相协调，达到既要发展经济，满足人类的基本需要，又不超出环境容许极限的要求。

环境管理是政府在实施经济、社会发展战略中的一个重要组成部分，是政府的一项基本职能。

2. 环境管理的手段

（1）法律手段

法律手段是环境管理中的一个最基本的手段，目前我国已初步形成了一个

较为完备的环境保护法体系。依法管理环境是控制并消除污染、保障自然资源合理利用并维护生态平衡的重要措施。

（2）经济手段

经济手段是指运用经济杠杆、经济规律和市场经济理论促进和诱导人们的生产、生活活动遵循环保的基本要求，如排污收费制度等就属于经济手段。

（3）技术手段

技术手段是指借助那些既能提高生产率又能把对环境的污染和生态破坏控制到最小限度的技术，以及先进的污染治理技术来达到保护环境的目的。

（4）行政手段

行政手段是指国家通过各级行政管理机关，根据国家的有关环境保护方针政策、法律法规和标准而实施的环境管理措施。

（5）教育手段

教育手段是指通过基础的、专业的和社会的环境教育，不断提高环保人员的业务水平，增强社会公民的环境意识，来实现科学管理环境及提倡社会监督的环境措施。

3.环境管理的内容

根据不同的管理范围可将环境管理划分为：

（1）区域环境管理

区域环境管理主要指协调区域经济发展目标与环境目标、进行环境影响预测、制定区域环境规划等。

（2）部门环境管理

部门环境管理包括能源环境管理、工业环境管理、农业环境管理、交通环境管理、商业和医疗等部门环境管理以及企业环境管理等。

（二）我国的环境管理制度及职能

1.环境管理八项制度

环境影响评价制度、"三同时"制度和排污收费制度均产生于我国环保工作的开创时期。这三项制度与之后在全国推行的环境保护目标责任制等五项制度一起形成了我国较为完善的环境管理制度体系。

（1）环境影响评价制度

对于所有的建设项目，在建设前须对该项目可能对环境造成的影响进行科学论证评价，提出防治方案，编制环境影响报告书，避免盲目建设对环境的损害。

（2）"三同时"制度

所有新建、改建、扩建项目，其防治污染设施必须与主体工程同时设计，同时施工，同时投入运行。

（3）排污收费制度

对排放污染物超过排放标准的工、矿、企、事业单位征收超标排污费，用于污染的治理。

（4）环境保护目标责任制

各级政府行政首长应对当地的环境质量负责，企业的领导人对本单位污染防治负责，并确定他们在任期内环境保护的任务目标，将其列为政绩，进行考核。

（5）城市环境综合整治定量考核制度

对城市实行综合整治的成效、城市环境质量制定量化指标，进行考核，每年评定一次城市各项环境建设与环境管理的总体水平。

（6）排放污染物许可证制度

这一制度包括排污申报、确定污染物总量控制目标和分配排污总量削减指标、核发排污许可证、监督管理执行情况等四项内容。

（7）污染集中控制制度

根据我国国情，污染治理应走集中与分散相结合的道路，以集中控制为发展方向。

（8）污染源限期治理制度

对老的污染源，由国家和地方政府分别作出必须在一定期限完成治理任务的决定。目前我国的限期治理，已从重点污染源扩大到区域性综合项目和行业项目。

我国制定和推行的八项环境管理制度，从探索管理整个中国环境的规律和方法出发，以实现环境战略总体目标为原则，构成了具有中国特色的环境管理制度体系，并已在实践中取得明显成效，被证明是切实可行的。

2.环境管理的基本职能

环境管理的职能只有通过一定的机构行使职权才能得以实现，根据国家法律规定，我国建立了从中央到地方各级政府生态环境部门为主管的，各有关部门相互分工的环境保护管理体制，形成国家、省、市、县、镇（乡）五级管理体系。

生态环境部门是政府的职能部门，其主要任务是把各地区、各部门和各行业调动起来，做好各自管辖范围内的环境保护工作，其基本职能是规划、协调、监督和指导。

（1）规划

规划是环境管理的目标、方向，在环境管理中起指导作用。它主要是指制定环境保护规划，通过规划来调整资源、人口、发展与环境之间的关系，解决发展与环境的矛盾。

（2）协调

协调就是指将各地区、各方面的环境保护工作有机地结合起来，形成一个具有结构层次的功能性系统。通过协调，减少相互脱节和矛盾，避免重复，建立一种正常的关系，互相沟通，分工合作，统一步调，共同实现环境保护的目标规划要求。

（3）监督

监督就是指根据环境法规、环境标准以及迅速、准确和完善的监测手段来保证环境规划、组织、协调的实施。它是环境保护主管部门以及依法行使环境管理权的部门的工作核心，是健全、有效的环境管理得以实现的必要保证。

（4）指导

指导是指通过对各地区、各部门以及群众性环境保护活动的组织领导，对各地区、各单位、各部门的环境保护工作提出要求，协调各方面的工作关系，为其下级部门或其他部门提供科学技术方面的帮助，对群众性的环境保护活动加以引导和支持。

近年来，我国环境保护正是依靠政策、法规、制度和机构这四大体系强化环境管理，努力促使经济建设与环境保护相协调，走出了一条具有中国特色的环境保护道路。

第三节　生态环境监测

一、生态环境监测的定义

生态环境监测又称为生态监测，作为一种系统地收集地球自然资源信息的技术方法，起始于 20 世纪 60 年代后期。我国的生态监测兴起于 20 世纪 70 年代，至今已开展了一系列的环境、资源和污染的调查与研究工作，各相关部门和单位相继建立了一批生态观测定位站和生态（环境）监测站，对部分区域乃至全国的生态环境进行了连续监测、调查和分析评价。但多年来，人们对于生态监测的概念始终有着不同的理解。其中有学者认为生态监测（ecological monitoring）是以生态学原理为理论基础，运用可比的和较成熟的方法，对不同尺度的生态环境质量状况及其变化趋势进行连续观测和评价的综合技术。

结合环保部门生态保护的工作职责，生态环境监测至少应该包括两部分：一是监测生态环境质量；二是监督对生态环境有影响的自然资源开发利用活动、重要生态环境建设和生态破坏恢复工作。作为环境监测的重要组成部分，生态环境监测既是一项基础性工作，为生态保护决策提供可靠数据和科学依据；又是一种技术行为，为生态保护管理提供技术支撑和技术服务。因此，我们在前人研究成果的基础上将生态环境监测定义为：以生态学原理为理论基础，综合运用可比的和较成熟的技术方法，对不同尺度生态系统的组成要素进行连续监测，获取最具代表性的信息，评价生态环境状况及其变化趋势的技术活动。

二、生态环境监测的原理和方法

生态环境监测实际上是环境监测的发展。由于生态系统本身具有复杂性，要完全对生态系统的组成、结构、功能进行全方位的监测十分困难。生态学理论的不断完善，特别是景观生态学的飞速发展，为生态监测指标的筛选、生态质量评价方法的建立以及生态系统管理与调控提供了理论依据和系统框架。生态学的基础理论中，研究生态系统组成要素、结构与功能、发展与演替以及人为影响与调控机制的生态系统生态学原理，更为生态监测提供了理论依据。生态系统生态学的研究领域主要涵盖了自然生态系统的保护和利用，生态系统的调控机制，生态系统退化的机理、恢复模型与修复技术，生态系统可持续发展问题以及全球生态问题，等等。景观生态学中的一些基础理论，如景观结构和功能原理、生物多样性原理、物种流动原理、养分再分配原理、景观变化原理、等级（层次）理论、空间异质性原理等，已经成为指导生态环境监测的基本思想。这些理论研究从宏观上揭示了生物与其周围环境之间的关系和作用规律，为有效保护自然资源和合理利用自然资源提供了科学依据，也为生态监测提供了理论基础。

在监测技术方法方面，由于生态监测具有较强的空间性，在实际监测工作中不仅需要使用传统的物理监测、化学监测和生物监测技术方法，更需要使用现代的遥感监测技术方法，同时结合先进的地理信息系统与全球定位系统等技术手段。

三、生态环境监测的任务

生态环境监测的基本任务是对生态环境状况、变化以及人类活动引起的重要生态问题进行动态监测，对破坏的或退化的生态系统在人类治理过程中的恢复过程进行监测，通过长时间序列监测数据的积累，建立数学模型，研究生态环境状况和各种生态问题的演变规律及发展趋势，为预测预报和影响评价奠定基础，进而寻求符合国情的资源开发治理模式及途径，为国家和各级政府、部门以及社会各界开展生态保护、科学研究和问题防控等提供可靠数据和科学依据，有效保护和改善生态环境，促进国民经济持续协调地发展。

具体来说，生态环境监测的主要任务涉及以下几个方面：

（1）监测人类活动影响下的生态环境的组成、结构、功能现状和动态，综合评估生态环境质量的现状和变化，揭示生态系统退化、受损机理，同时预测变化趋势。

（2）监测自然资源开发利用活动、重要生态环境建设和生态破坏恢复工作所引起的生态系统的组成、结构和功能变化，评估生态环境受到的影响，以合理利用自然资源，保护生存性资源和生物多样性。

（3）监测人类活动所引起的重要生态问题在时间以及空间上的动态变化，如城市热岛问题、沙漠化问题、富营养化问题等，评估其影响范围和不利程度，分析问题形成的原因、机理以及变化规律和发展趋势，通过建立数学模型，研究预测预报方法，探讨生态恢复重建途径。

（4）监测生态系统的生物要素和环境要素特征，揭示动态变化规律，评价主要生态系统类型服务功能，开展生态系统健康诊断和生态风险评估，以保护生态系统的整体性及再生能力。

（5）监测环境污染物在生物链中的迁移、转化和传递途径，分析和评估其对生态系统组成、结构和功能的影响。

（6）长期连续地开展区域生态系统组成、结构、格局和过程监测，积累生物、环境和社会等各方面监测数据，通过分析和研究，揭示区域甚至全球尺度生态系统对全球变化的响应，以保护区域生态环境。

（7）支撑政府部门制定生态与环境相关的法律法规，建立并完善行政管理标准体系和监测技术标准体系，为开展生态环境综合管理奠定行政、法律和技术基础。

（8）支持国际上一些重要的生态研究及监测计划，合作开展生物多样性变化、多种空间尺度的生物地球化学循环变化、生态系统对气候变化及气候波动的响应以及人类-自然耦合生态系统等的监测与科学研究。

四、生态环境监测的特点

生态环境是人类赖以生存和发展的各种生态因子和生态关系的总和，是环境受到人类活动影响的产物，涉及水圈、土圈、岩石圈和生物圈等自然环境，同时涉及与人类活动相关的社会环境。生态环境本身的极端复杂性，决定了生态环境监测具有明显的综合性、长期性和复杂性等特点。

（一）综合性

在生态环境构成中，自然环境包括水、土、气、生物等多个要素，各要素之间又具有复杂的相互作用关系，且类型多样、空间差异显著，加之社会环境受到人类的影响具有多重性和不确定性，这些都要求生态监测不仅要监测生物要素，还要监测水、土、气等环境要素，同时还需要关注社会要素。另外，生态环境监测数据包括遥感监测数据、地面监测数据、调查与统计数据等，多源性、异构性和专业性特征显著，需要结合起来科学使用，采用综合评估的方法，真实客观地反映生态环境质量状况、变化以及发展趋势。此外，某一个生态效应往往是几个因素综合作用的结果，例如水环境受到污染的问题，通常是多种污染物并存，由此产生的生态效应也是多种污染物耦合作用的结果，借助生态环境监测手段可以综合反映水环境污染状态或效应，传统的理化监测方法则无法反映这种复杂的关系。

（二）长期性

在生态环境的发展和变化过程中，自然生态变化过程十分缓慢，加上生态系统自身具有自我调控功能，短期的监测结果往往不能反映生态环境的实际情况。而且，生态环境本身的变化也不可能在短时间内集中显现，而是一个渐变的过程，从量变的不断累积，最终发展到质变的飞跃。只有适应这些客观规律来开展长期连续的生态环境监测，才能累积起长时间序列和多空间尺度的数据，从中探寻并揭示生态环境演变规律及发展趋势。

（三）复杂性

由前述的定义可知，生态环境是一个庞大的动态系统，不仅组成要素复杂，而且各要素彼此之间具有相互依赖、相互促进、相互制约的多种作用关系。同时，人类活动对生态系统的干扰日益强烈，使得生态变化过程更趋复杂。由此可见，在生态监测中要区分开是自然的演变过程还是人为干扰的影响效应十分困难。与此同时，人类对生态过程的认识是逐步深入的，对生态环境变化规律的发现和掌握也是一点一点清晰起来的。因此，可以说生态监测是一项涉及多学科、多部门，并且极复杂的系统工程。

五、生态环境监测的内容

生态环境监测的对象就是生态环境的整体。从层次上可将监测对象划分为个体、种群、群落、生态系统和景观等五个层次。生态环境监测的内容包括自然环境监测和社会环境监测两大部分，具体包括环境要素监测、生物要素监测、生态格局监测、生态关系监测和社会环境监测。

（1）环境要素监测：对生态环境中的非生命成分进行监测，既包括自然环境因子监测（如气候条件、水文条件、地质条件等自然要素的监测），也包括人为环境因子监测（如大气污染物、水环境污染物、土壤污染物、噪声、热污染、放射性、景观格局等人类活动影响下的环境监测）。

（2）生物要素监测：对生态环境中的生命成分进行监测，既包括对生物个体、种群、群落、生态系统等的组成、数量、动态的统计、调查和监测，也包括污染物在生物体中的迁移、转化和传递过程中的含量及变化的监测。

（3）生态格局监测：对一定区域范围内生物与环境构成的生态系统的组合方式、镶嵌特征、动态变化以及空间分布格局等进行的监测。

（4）生态关系监测：对生物与环境相互作用及其发展规律进行的监测。围绕生态演变过程、生态系统功能、发展变化趋势等开展监测和分析研究，既包括自然生态环境（如自然保护区）监测，也包括受到干扰、污染或得到恢复、重建、治理后的生态环境监测。

（5）社会环境监测：人类是生态环境的主体，但人类本身的生产、生活和发展方式也在直接或间接地影响着生态环境中的社会环境部分，反过来再作用于人类这个主体本身。因此，对社会环境，包括政治、经济、文化等进行监测，也是生态监测的重要内容之一。

六、生态环境监测的类型

从生态环境监测的发展历史来看，人们在划分生态环境监测类型的时候方法很多，各有侧重。

（一）按照不同生态系统进行划分

最常见的生态监测类型划分方法是依据监测的不同生态系统，将生态监测划分为森林生态监测、草原生态监测、湿地生态监测、荒漠生态监测、海洋生态监测、城市生态监测、农村生态监测等类型。这种划分方法突出了生态系统层次的生态监测，旨在通过监测获得关于该类生态系统的组成、结构和动态变化资料，分析研究生态系统现状、受干扰（多指人类活动干扰）程度、承载能力、发展变化趋势等。

（二）按照不同空间尺度进行划分

按照不同空间尺度，人们通常把生态监测划分为宏观生态监测和微观生态监测两大类型，二者相辅相成、互为支撑。

（1）宏观生态监测：在景观或更大空间尺度上（如区域尺度、全球尺度）监测生态环境状况、变化及人类活动对生态环境的时空影响。宏观生态监测一般采用遥感（RS）、地理信息系统（GIS）以及全球定位系统（GPS）等空间信息技术手段获取较大范围的遥感监测数据，也可采用区域生态调查和生态统计的手段获取生态地面监测和调查数据。

（2）微观生态监测：监测的地域等级最大可包括由几个生态系统组成的景观生态区，最小也应代表单一的生态类型。微观生态监测多以大量的生态定位监测站为基地，以物理、化学或生物学的方法获取生态系统各个组分的属性信息。根据监测的具体内容，微观生态监测又可分为干扰性生态监测、污染性生态监测、治理性生态监测以及生态环境质量综合监测，常用的方法有生物群落调查法、指示生物法、生物毒性法等。

（三）按照不同目的属性进行划分

按照不同的目的属性，可将生态监测划分为综合监测和专题监测。综合监测以获取生态环境质量为目标，需要对生态环境的各要素进行监测与调查，并通过建立综合性的数学模型来量化目标，并从各方面分析生态环境质量的变化原因和发展趋势。专题监测则围绕特定的生态问题或资源开发、生态建设、生态破坏和恢复等活动的影响进行监测与评估，分析影响范围、程度和形成原因。

第二章　生态环境遥感监测技术

第一节　生态环境遥感监测概述

一、遥感监测

（一）遥感的基本概念

遥感技术是借助对电磁波敏感的仪器，在不与探测目标接触的情况下，记录目标物对电磁波的辐射、反射、散射等信息，并通过分析，揭示目标物特征、性质及其变化的综合探测技术。

遥感，顾名思义，就是从遥远的地方感知目标物，即远距离探测目标物的物性。传说中的"千里眼""顺风耳"就具有这样的能力。"遥"具有空间概念，从近地空间、外层空间甚至宇宙空间来获取目标物的空间信息。"感"指信息系统，包括信息获取和传输、信息加工处理、信息分析和可视化系统等。"目标物"，从狭义遥感看，指岩性、地层、构造、地貌、植被、矿产、能源、环境、灾害等实体和相关事件；从广义遥感来说，可以拓展到对星体的观测。"物性"，主要指物体对电磁辐射的特性，人们利用物体波谱特性差异达到识别物体的目的。

（二）遥感的物理学内涵

电磁波是遥感的物理基础。按波长由短至长，电磁波可分为γ射线、X射线、紫外线、可见光、红外线、微波和无线电波。遥感探测所使用的电磁波波段是从紫外线、可见光、红外线到微波的光谱段。太阳发出的光也是一种电磁波。太阳光从宇宙空间到达地球表面必须穿过地球的大气层。太阳光在穿过大气层时，会受到大气层的吸收和散射影响，能量发生衰减。但是大气层对太阳光的吸收和散射影响与太阳光的波长有很大相关性。通常把太阳光透过大气层时透过率较高的光谱段称为大气窗口。大气窗口的光谱段主要有：微波波段，热红外波段，近紫外、可见光和近红外波段。

地面上的任何物体（即目标物），如土地、水环境、植被和人工构筑物等，在温度高于绝对零度的条件下，都具有反射、吸收、透射及辐射电磁波的特性。当太阳光从宇宙空间经大气层照射到地球表面时，地面物体就会对太阳光产生选择性的反射和吸收。由于每一种物体的物理和化学特性以及入射光的波长不同，因此它们对入射光的反射率也不同。各种物体对入射光反射的规律叫作物体的反射光谱。

遥感图像是通过远距离探测记录的地球表面物体在不同的电磁波波段所反射或发射的能量的分布和时空变化的产物。遥感图像的灰度值反映了地物反射和发射电磁波的能力，与地物的成分、结构等以及遥感传感器的性质之间存在着某种内在联系，这种内在联系可以用函数关系表达，即遥感图像模式。

（三）遥感技术系统

遥感技术系统是达成遥感观测目的的方法论、设备和技术的总称，现已成为一个从地面到高空的多维、多层次的立体化观测系统。研究内容包括遥感数据获取、传输、处理、分析应用以及遥感物理的基础研究等方面。

遥感技术系统主要有：①遥感平台系统，即运载工具，包括各种飞机、卫星、火箭、气球、高塔、机动高架车等；②传感仪器系统，如各种主动式和被动式、成像式和非成像式、机载的和星载的传感器及其技术保障系统；③数据传输和接收系统，如卫星地面接收站、用于数据中继的通信卫星等；④用于地面波谱测试和获取定位观测数据的各种地面台站网；⑤数据处理系统，用于对原始遥感数据进行转换、记录、校正、数据管理和分发；⑥分析应用系统，包括对遥感数据按某种应用目的进行处理、分析、判读、制图的一系列设备、技术和方法（见图2-1）。

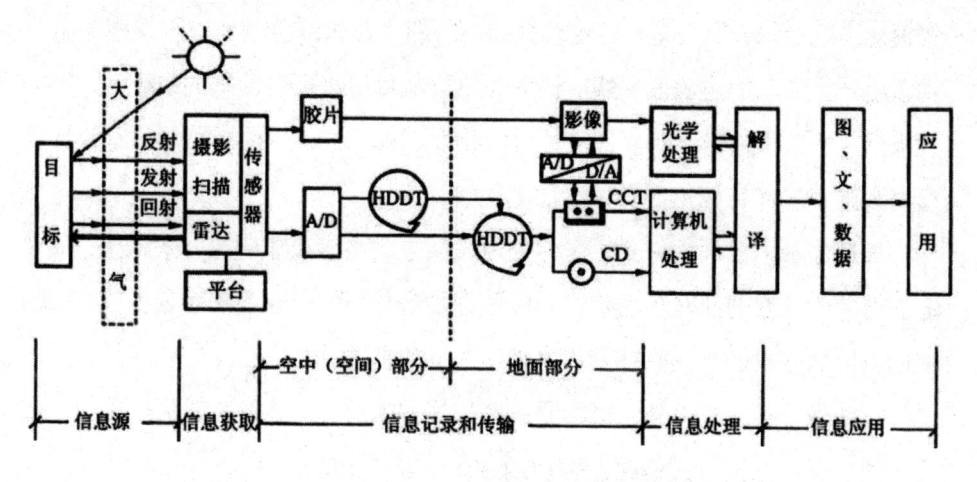

图 2-1　遥感技术系统示意图

（四）遥感技术类型划分

根据工作平台，遥感分为地面遥感、航空遥感（气球、飞机）、航天遥感（人造卫星、飞船、空间站、火箭）。地面遥感，即把传感器设置在地面平台上，如车载、船载、手提、固定或活动高架平台等；航空遥感，即把传感器设置在航空器上，如气球、航模、飞机及其他航空器等；航天遥感，即把传感器设置在航天器上，如人造卫星、宇宙飞船、外太空空间实验室等。

27

根据工作波段，遥感分为紫外遥感、可见光遥感、红外遥感、微波遥感和多谱段遥感。紫外遥感，探测波段在 0.3~0.38 μm 之间；可见光遥感，探测波段在 0.38~0.76 μm 之间；红外遥感，探测波段在 0.76~14 μm 之间；微波遥感，探测波段在 1 mm~11 m 之间；多谱段遥感，利用几个不同的谱段同时对同一地物（或地区）进行遥感，从而获得与各谱段相对应的各种信息。将不同谱段的遥感信息加以组合，可以获取更多的有关物体的信息，有利于判别和分析。常用的多谱段遥感器有多谱段相机和多光谱扫描仪。

根据传感器接收电磁波的方式，遥感分为主动式遥感（微波雷达）和被动式遥感（航空航天、卫星）。主动式遥感，即由传感器主动地向被探测的目标物发射一定波长的电磁波，然后接受并记录从目标物反射回来的电磁波；被动式遥感，是指传感器不向被探测的目标物发射电磁波，直接接受并记录目标物反射太阳辐射或目标物自身发射的电磁波。

根据记录电磁波的方式，遥感分为成像方式遥感和非成像方式遥感。成像方式遥感能获取遥感对象图像；非成像方式遥感不能获取遥感对象图像，如扫描的辐射信号只能得到一些数据（曲线）而不能成像。

按成像方式，遥感分为摄影遥感和扫描方式遥感。摄影遥感是以光学摄影进行的遥感，扫描方式遥感是以扫描方式获取图像的遥感。

根据应用领域，遥感分为环境遥感、大气遥感、资源遥感、海洋遥感、地质遥感、农业遥感、林业遥感等。遥感的应用领域十分广泛，最主要的应用有军事侦察、地质矿产勘探、石油勘探、自然资源调查、地图测绘、环境保护、林业监测、农业资源调查、自然灾害动态监测、城市规划、铁路交通、沙漠治理、工程建设、气象预报等。

（五）遥感技术特征

遥感作为一门对地观测综合性技术，它的出现和发展满足了人们认识和探索自然界的客观需要，有着其他技术手段无法比拟的优点。

1. 空间同步性

遥感探测能在较短的时间内，从空中乃至宇宙空间对大范围地区进行观测。这些信息拓展了人们的视觉空间，为宏观地掌握地面事物的现状创造了极为有利的条件，同时也为研究自然现象和规律提供了宝贵的第一手资料。这种先进的技术手段与传统的手工作业相比是不可替代的。遥感航摄飞机飞行高度为 10 km 左右，陆地卫星的轨道高度达 910 km 左右，在很大程度上扩大了数据获取范围。例如，一张陆地卫星图像，其覆盖面积可达 30 000 km^2 以上。这种展示宏观景象的图像，对地球资源和环境的监测和分析极为重要。

2. 时相周期性

遥感获取信息的速度快、周期短。由于卫星围绕地球运转，从而能及时获取所经地区的各种自然现象的最新资料，以便更新原有资料，或根据新旧资料变化进行动态监测，这是人工实地测量和航空摄影测量无法比拟的。例如，陆地卫星每 16 天可覆盖地球一遍，美国国家海洋和大气管理局气象卫星单颗星每天能收到两次图像，每 30 分钟获得同一地区的图像。

遥感信息能动态反映地面事物的变化，遥感探测能周期性、重复地对同一地区进行观测，这有助于人们通过所获取的遥感数据，发现并动态地跟踪地球上许多事物的变化，同时研究自然界的变化规律。尤其是在监测天气状况、自然灾害、环境污染甚至军事目标等方面，遥感的运用就显得格外重要。

3. 信息综合性

遥感探测所获取的是同一时段、覆盖大范围地区的遥感数据，这些数据综合地展现了地球上许多自然与人文现象，反映了各种事物的形态与分布，真实地体现了地质、地貌、土壤、植被、水文、人工构筑物等地物的特征，全面揭示了地物之间的关联性。并且这些数据在时间上具有相同的现势性。

遥感获取信息的手段多、信息量大。根据不同的任务，可选用不同波段和遥感仪器获取信息。例如可采用可见光探测物体，也可采用紫外线、红外线和微波探测物体。利用不同波段对物体的穿透性不同的特点，还可获取地物内部信息，例如地面深层、水的下层、冰层下的水环境、沙漠下面的地物特性等。微波波段还可以全天候工作。

4.技术高效性

遥感获取信息受条件限制少。在地球上有很多地方，自然条件极为恶劣，人类难以到达，如沙漠、沼泽、高山峻岭等。采用不受地面条件限制的遥感技术，特别是航天遥感，可方便、及时地获取各种宝贵资料。

5.应用广泛性

目前，遥感技术已广泛应用于农业、林业、地质、海洋、气象、水文、军事、环保等领域。在未来十年中，遥感技术将步入一个快速、及时和准确提供多种对地观测数据的新阶段。遥感图像的空间分辨率、光谱分辨率和时间分辨率都会有极大的提高。其应用领域随着空间技术发展，尤其是地理信息系统和全球定位系统技术的发展，将会越来越广泛。

6.经济与社会高效益性

遥感技术工作效率高、成本低、一次成像多方受益的特点体现在以下几个方面：

（1）遥感技术是基础地理信息的重要获取手段。遥感影像是地球表面的"相片"，真实地展现了地球表面物体的形状、大小、颜色等信息。这比传统的地图更容易被大众接受，因此影像地图已经成为重要的地图种类之一。

（2）遥感技术是获取地球资源信息的最佳手段。遥感影像上具有丰富的信息，多光谱数据的波谱分辨率越来越高，可以获取红光波段、黄光波段等。

高光谱传感器也发展迅速，我国的环境小卫星也搭载了高光谱传感器。从遥感影像上可以获取包括植被信息、土壤墒情、水质参数、地表温度、海水温度、大气参数等丰富的信息。这些地球资源信息能在农业、林业、水利、海洋、环境等领域发挥重要作用。

（3）遥感信息为应急灾害提供第一手资料。遥感技术具有不接触目标情况获取信息的能力。在遭遇灾害的情况下，遥感影像使我们能够随时方便地获取灾害影响范围、程度等信息。在缺乏地图的地区，遥感影像甚至是我们能够获取的唯一信息。例如，汶川地震中，遥感影像在灾情信息获取、救灾决策和灾后重建中发挥了重要作用。

（六）遥感影像的特性参数

遥感影像的特性参数主要包括空间分辨率、光谱分辨率、辐射分辨率和时间分辨率。

1. 空间分辨率

空间分辨率（spatial resolution）又称地面分辨率。地面分辨率是针对地面而言的，指可以识别的最小地面距离或最小目标物的大小。空间分辨率是针对遥感器或图像而言的，指图像上能够详细区分的最小单元的尺寸或大小，或指遥感器区分两个目标的最小角度或线性距离的度量。它们均反映对两个非常靠近的目标物的识别、区分能力。

2. 光谱分辨率

光谱分辨率（spectral resolution）指遥感器接受目标辐射时能分辨的最小波长间隔。间隔越小，分辨率越高。所选用的波段数量的多少、各波段的波长位置及波长间隔的大小，这三个因素共同决定光谱分辨率。

光谱分辨率越高，专题研究的针对性越强，对物体的识别精度越高，遥感应用分析的效果也就越好，而多波段的数据分析可以提高识别和提取信息特征的概率和精度。但是，面对大量多波段信息以及其所提供的这些微小的差异，人们要直接地将它们与地物特征联系起来，综合解译是比较困难的。

3.辐射分辨率

辐射分辨率（radiometric resolution）指探测器的灵敏度——遥感器感测元件在接收光谱信号时能分辨的最小辐射度差，或指对两个不同辐射源的辐射量的分辨能力。一般用灰度的分级数表示，即最暗至最亮灰度值（亮度值）间分级的数目——量化级数。它对于目标识别是一个很有意义的元素。

4.时间分辨率

时间分辨率（temporal resolution）是关于遥感影像间隔时间的一项性能指标。遥感探测器按一定的时间周期重复采集数据，这种重复周期又称回归周期。它是由飞行器的轨道高度、轨道倾角、运行周期、轨道间隔、偏移系数等参数决定的。这种重复观测的最小时间间隔称为时间分辨率。

二、生态环境遥感监测指标和分类系统

土地利用/覆被、植被覆盖、森林资源、草地资源、水土流失、土地退化等是比较常用的生态环境评价指标。在这些指标中，最直观、最易判读且最能全面反映区域生态环境状况和成因的是土地利用/覆被，而且由土地利用/覆被指标可得到许多其他的指标，因此生态环境遥感监测的首选指标是土地利用/覆被。

目前，国内土地利用/覆被的分类系统主要有两大类（见表2-1）：一是国土资源部门使用的土地分类系统；二是中国科学院对全国土地利用遥感监测时使用的土地利用分类系统。

表 2-1 国土资源部门和中国科学院使用的土地利用分类体系

一级类	国土资源部门分类二级类	中国科学院分类二级类
1 耕地	11 灌溉水田；12 望天田；13 水浇地；14 旱地；15 菜地	11 水田；12 旱地
2 园地	21 果园；22 桑园；23 茶园；24 橡胶园；25 其他园地	24 其他林地
3 林地	31 有林地；32 灌木林地；33 疏林地；34 未成林造林地	21 有林地；22 灌木林地；23 疏林地；24 其他林地
4 牧草地	41 天然草地；42 改良草地；43 人工草地	31 高覆盖草地；32 中覆盖草地；33 低覆盖草地
5 居民点及工矿用地	51 城镇；52 农村居民点；53 独立工矿；54 盐田；55 特殊用地	51 城镇用地；52 农村居民点；53 其他建设用地
6 交通用地	61 铁路；62 公路；63 农村道路；64 民用机场；65 港口和码头	53 其他建设用地
7 水域	71 河流水面；72 湖泊水面；73 水库水面；74 坑塘水面；75 苇地；76 滩涂；77 沟渠；78 水工建筑物；79 冰川及永久积雪	41 河渠；42 湖泊；43 水库坑塘；44 永久冰川雪地；45 滩涂；46 滩地
8 未利用地	81 荒草地；82 盐碱地；83 沼泽；84 沙地；85 裸土地；86 裸岩砾石地；87 田坎；88 其他	61 沙地；62 戈壁；63 盐碱地；64 沼泽地；65 裸土地；66 裸岩砾石地；67 其他

三、生态环境监测与评价主要流程

生态环境监测与评价主要流程（见图 2-2）包括影像准备、几何校正、解译、矢量数据处理、野外核查和分析编写报告六个阶段。

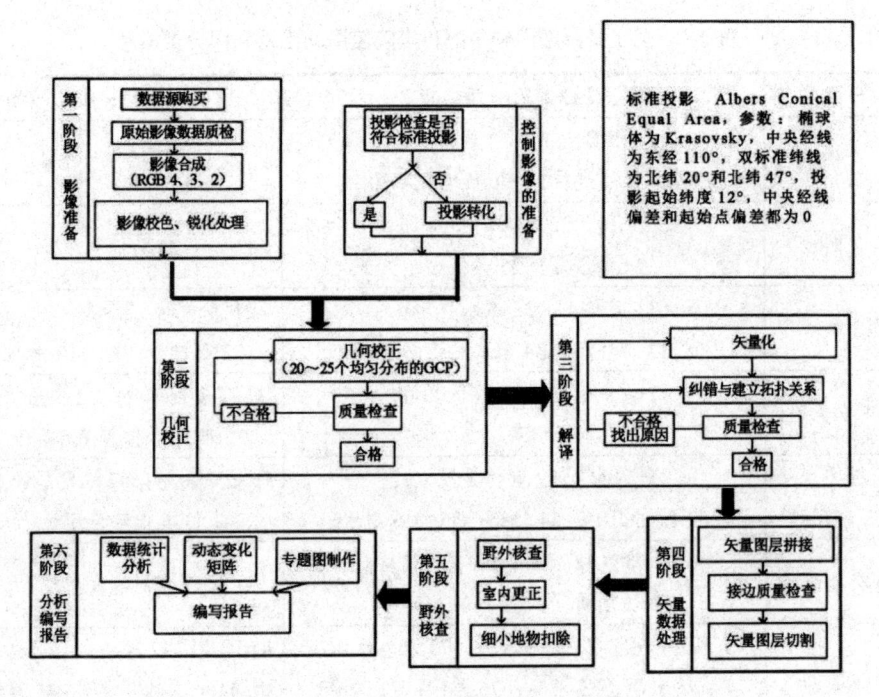

图 2-2　生态环境监测与评价主要流程

第二节　遥感影像选择

一、影像选择原则

（一）时相原则

我国生态监测时相，一般北方地区选择生长季，即 5—9 月，南方地区由于生长季植被特别茂密，难以区分，以 11 月至次年 3 月为主。以 Landsat TM

影像的选择为例，按照 row 号分：row 号在（21～32），时相为 6—9 月；row 号在（33～40），时相要求在历年 5—10 月；row 号在（40～47），时相要求在 10 月至次年 1 月；特殊地区如青藏高原时相要求在 6—9 月。采用其他卫星数据时，其时相与相应 Landsat TM 保持一致。

如果条件允许的话，可以根据地物生长的季相特征，配合选择不同季相的影像对地物进行更准确的识别，例如利用水田和旱地播种与收获的时间不同，选择相应时相的影像进行区分。再如可以根据落叶林和常绿林的特征，选择冬季和夏季时相的影像结合，可以很好地区分落叶林和常绿林。

（二）云量控制原则

单景影像平均云量小于 10%，但受人为干扰影响比较小的不易发生变化的区域，可适当放宽到 20%；同时受人为干扰影响比较大易发生变化的区域要求尽量没有云覆盖。

（三）经济原则

在满足生态环境遥感变化监测精度要求的情况下，尽量选择成本最低且影像质量较高的遥感数据。

二、影像选择

生态环境监测的空间尺度不同，需要采用空间分辨率不同的遥感影像。例如：全球性的酸雨、二氧化碳温室效应、海平面升降等，主要利用静止气象卫星图像；江河流域范围的水土流失、沙化和绿化、灾情、林火等，可兼用气象卫星和陆地卫星图像；局部地区的，诸如保护区、工厂污染、海湾赤潮、地震灾情等，可兼用卫星与航空遥感图像。

在利用遥感进行生态环境监测方面，遥感数据源并不是单一的，而应就其实用、经济、精度等方面综合考虑后进行选择，可以是一种遥感数据源，也可以是两种或者两种以上数据源的结合。在进行全球或是全国生态环境监测时，从经济角度考虑，MODIS 数据足够满足监测需要；而在进行流域或是局部地区监测时，低分辨率的遥感影像很难满足工作需要，这时就需要高分辨率的遥感图像，像 TM/ETM+遥感数据，甚至局部要选用 SPOT、IKONOS 或是 QuickBird 等。

（一）遥感数据类型选择

在一般的资源环境研究中，以采用光学系统为主的传感器采集的遥感信息较多，如 Landsat 的 TM 和 ETM+、SPOT、NOAA 的 AVHRR，Terra 的 MODIS、HJ 星，CBERS 的 CCD 等。

为了避免天气的不利影响，有些研究工作，如灾害监测等，需要应用雷达卫星的数据，目前常用的数据主要有 Envisat、Radarsat 等。

针对全国生态环境遥感监测要求，不同尺度的遥感数据收集可以参考如下说明。

低分辨率卫星影像收集：以 MODIS 为主，覆盖全国全年数据。数据类型主要为 250 m 分辨率的 16 天合成的 NDVI 数据（MOD13Q1）。

中分辨率卫星影像收集：中分辨率遥感卫星数据。收集范围为全国。目前常用的有 Landsat TM/ETM+数据、HJ-1 卫星 CCD 数据、CB-02B 和 CB-02C、资源三号，数据有缺失的地区以同等分辨率同一时相的数据作为补充。

中高分辨率卫星影像收集：中高分辨率数据，以 SPOT55.m 全色和 10 m 多光谱数据为主，辅助以 ALOS、RapidEye、福卫-2、CBERS-02B-HR 等数据。主要覆盖国家级自然保护区和部分重要生态功能区，约 5 000 000 km^2。

高分辨率卫星影像收集：以 QuickBird、IKONOS 数据为主，辅助以 GeoEye-1、WorldView-1、WorldView-2 等数据。按需要订购，主要覆盖重要点位。

雷达数据收集：以 Envisat-ASAR、ERS-1/2 数据为主，辅助以 Radarsat-1、Radarsat-2、JERS 等数据。

（二）遥感数据时相选择

研究对象要求在不同时间获取遥感数据，具体包括两个方面：

第一，在生态环境现状研究中，针对内容需要更清晰、全面反映地物信息的遥感数据，土地利用/覆被研究一般以监测地表植被信息为主，因而多选择植被生长旺期获取的遥感数据。为了监测分析植被长势，以及区别特定植被类型，还会要求相邻时相的遥感数据。大区域作业要求相邻景之间具有最接近的时相。

第二，进行生态环境动态监测与研究时，需要对不同年度、相似季相的遥感数据进行对比分析；年内变化则选择不同季相的传感器遥感信息。

第三节　影像几何校正

一、原始影像导入

原始影像一般都有固定的存储格式，常用的有 BSQ、BIL 和 BIP，因此许多遥感软件都有固定的模块对影像进行导入。本节以 ERDAS 软件为例进行演示说明，本章的第四节将会对 ERDAS 软件作简要介绍。

（一）TM 原始影像导入

1. 单波段二进制影像数据输入

在 ERDAS 图标面板工具条中，点击打开 Import/Export 对话框。并做如下的选择：

选择数据输入操作：Import。

选择数据输入类型（Type）为普通二进制（Generic Binary），媒介类型（Media）为文件（File）。

确定输入文件路径及文件名（Input File）：Band1.dat。

确定输出文件路径及文件名（Output File）：Band1.img。

打开"Import Generic Binary Data"对话框。

在"Import Generic Binary Data"对话框中定义下列参数：

数据格式（Data Format）：BSQ。

数据类型（Data Type）：Unsigned 8-Bit。

数据文件行数（Row）：5728（一般在影像头文件信息中查找得出）。

数据文件列数（Cols）：6920（一般在影像头文件信息中查找得出）。

文件波段数量（Bands）：1。

保存参数设置（Save Option）：*.gen。

退出 Save Option File。

执行输入操作。

其间出现进程状态条，待进程状态条结束后，点 OK 完成数据输入。重复上述过程，可依此将多波段数据全部输入，转换为 IMG 文件。

2. 多波段数据影像数据输入

在 ERDAS 图标面板工具条中，点击打开 Import/Export 对话框。并做如下的选择：

选择数据输入操作：Import。

第二章 生态环境遥感监测技术

选择数据输入类型（Type）为 TM Landsat EOSAT Fast Format，媒介类型（Media）为文件 File。

确定输入文件路径及文件名（Input File）：Band1.dat。

确定输出文件路径及文件名（Output File）：传感器名称＋轨道号（6位）＋日期（8位）.img。

将多波段数据全部输入，多波段合成、转换为*.img 文件。

（二）TIFF 格式原始影像导入

为了影像处理与分析，需要将单波段 TIFF 文件组合为一个多波段影像文件。

第一步：在 ERDAS 图标面板工具条中，点击 Interpreter/Utilities/Layer Stack 命令，打开 Layer Selection and Stacking 的对话框。

第二步：在 Layer Selection and Stacking 对话框中，依此选择并加载（Add）单波段 TIFF 影像。

输入单波段影像文件（Input File：*.TIFF）：band1.TIFF——Add。

输入单波段影像文件（Input File：*.TIFF）：band2.TIFF——Add。

输入组合多波段影像文件（Output File：*.img）：传感器名称＋轨道号（6位）＋日期（8位）.img。

点击 OK 执行并完成波段组合。

二、影像校色和锐化

（一）影像校色

影像校色即遥感影像灰度增强，是一种点处理方法，主要为突出像元之间的反差（或称对比度），所以也称"反差增强""反差扩展"或"灰度拉伸"等。

目前，几乎所有遥感影像都没有利用遥感器的全部敏感范围，各种地物目标影像的灰度值往往局限在一个比较狭小的灰度范围内，使得影像看起来不鲜明清晰，许多地物目标和细节彼此相互遮掩，难以辨认。通过灰度拉伸处理，扩大影像灰度值动态变化范围，可增加影像像元之间的灰度对比度，因此有助于增强影像的可解译性。

常用的灰度拉伸方法有线性拉伸、分段线性拉伸及非线性拉伸（又称特殊拉伸）等。

第一步：在 view 中打开多波段合成好的影像。

第二步：在 view 中根据影像大小定制 AOI，略大于影像。

第三步：影像线性拉伸。

先用高斯拉伸，一般效果都比较好。分段线性拉伸及非线性拉伸在点击 breakpts 下设置。还可以在 Photoshop 等图形处理软件下进行色彩调整，注意在这些软件应用前，将影像的头文件保存好，色彩调整完成后，将影像的头文件重新写入。

（二）影像锐化

遥感系统成像过程中可能产生的"模糊"现象，常使遥感影像上某些用户感兴趣的线性形迹、纹理与地物边界等信息显示不够清晰，不易识别。单个像元灰度值调整的处理方法较难奏效，需采用邻域处理方法来分析、比较和调整像元与周围相邻像元间的对比度关系，影像才能得到增强，也就是说需要进行滤波增强处理。

影像滤波增强处理实际上就是运用滤波技术增强影像的某些空间频率特征，以弱化地物目标与邻域或背景之间的灰度反差。例如通过滤波增强高频信息、抑制低频信息，就能突出像元灰度值变化较大和较快的边缘、线条或纹理等细节；反过来，如果通过滤波增强低频信息、抑制高频信息，则能将平滑影像细节保留并突出较均匀连片的主体影像。

滤波增强分空间域滤波增强和频率域滤波增强两种。前者在影像的空间变量内进行局部运算，使用空间二维卷积方法，特点是运算简单、易于实现，但有时精度较差，容易过度增强，使影像产生不协调的感觉；后者使用富氏分析等方法，通过修饰原影像的富氏变换实现，特点是计算量大，但比较直观，精度比较高，影像视觉效果好。

第一步：在 view 中打开多波段合成好的影像。

第二步：在 view 中根据影像大小定制 AOI，略大于影像。

第三步：影像锐化。

还可以在 Photoshop 等图形处理软件中进行重新聚集操作，注意在这些软件应用前，将影像的头文件保存好，色彩调整完成后，将影像的头文件重新写入。

三、几何校正

图像的几何校正需要根据图像的几何变形的性质、可用的校正数据、图像的应用目的确定合适的方法。

（一）几何校正基础知识

几何校正是处理由传感器性能差异引起的系统畸变，以及由运载工具姿态变化（偏航、俯仰、滚动）和目标物特征引起的非系统畸变的过程。

系统畸变：

比例尺畸变，可通过比例尺系数计算校正。

歪斜畸变,可经一次方程式变换加以校正。

中心移动畸变,可经平行移动校正。

扫描非线性畸变,必须获得每条扫描线校正数据才能校正。

辐射状畸变,经二次方程式变换即可校正。

正交扭曲畸变,经三次以上方程式变换才可加以改正。

非系统畸变:

因倾斜引起的投影畸变,可用投影变换加以校正。

因高度变化引起的比例尺不一致,可用比例尺系数加以校正。

由目标物引起的畸变,如由地形起伏引起的畸变,需要逐点校正。

因地球曲率引起的畸变,则需经二次以上高次方程式变换才能加以校正。

卫星影像被地面站接收下来后,都要经过一系列的处理,根据处理的级别可以分为0级、1级、2级、3级……

从卫星上接收下来,未经任何处理的影像称为 0 级影像。1 级影像也称 Level1 产品,即辐射校正产品,是经过辐射校正但没有经过系统几何校正的产品数据,将卫星下行扫描行数据反转后按标称位置排列。2 级影像也称 Level2 产品,即经过辐射校正和系统几何校正的产品数据,并将校正后的图像数据映射到指定的地图投影坐标下,其几何校正主要是校正由于卫星轨道等引起的系统形变。因此,Level2 产品也称为系统校正产品,在地势起伏小的区域,Landsat7 系统校正产品的几何精度可以达到 250 m,Landsat5 系统校正产品的几何精度取决于星历预测数据的精度。3 级影像是经过辐射校正和几何校正的产品数据,同时采用地面控制点改进产品的几何精度。Level3 产品也称为几何精校正产品,几何精校正产品的几何精度取决于地面控制点的精度。4 级影像也称 Level4 产品,是经过辐射校正、几何校正和几何精校正的产品数据,采用数字高程模型(DEM)校正地势起伏造成的视差变形。Level4 产品也称为高程校正产品,高程校正产品的几何精度取决于地面控制点的可用性和 DEM 数据的分辨率。

（二）在 ERDAS 中进行几何校正的方法与步骤

第 1 步：打开并显示影像文件。

在 Viewer#1 中打开需要校正的 Landsat TM 影像：input.img；在 Viewerr#2 中打开作为地理参考的校正过的影像或地图：Reference.img。

第 2 步：启动几何校正模块。

在 Viewer#1 中单击 Raster。

选择 Geometric Correction，选择多项式几何校正模型（Polynomial）。

在打开的 Polynomial Model Properies 对话框中设置 Polynomial Order（多项式次数）为 1 次，即默认值。

在打开的 GCP Tool Reference Setup 确定参考点的来源，即 Existing Viewer，点击 OK。

出现 Viewer Selection Instructions 对话框，用鼠标点击 Viewer#2，出现 Referencemap Projection 对话框，点击 OK，进入几何校正的工作窗口。

第 3 步：启动控制点工具。

选择视窗采点模式 Exising Viewer。

确定后打开 Viewer Selection Instruction 指示器。

在作为地理参考的影像 panAtlanta.img 中点击左键，打开 Reference Map Information 提示框，显示参考影像的投影信息。

确定表后面控制点工具被启动，进入控制点采集状态。

第 4 步：采集控制点。

在影像几何校正过程中，采集控制点是一项非常重要的工作，在 GCP 工具对话框中点 SelectGCP 图标，进行 GCP 选择状态。分别在 view#1 和 view#2

中寻找明显地物特征点，如公路交叉点、山峰等作为 GCP。不断重复上述步骤，采集若干 GCP。要求 GCP 要均匀分布，不少于 25 个（值得注意的是一定要保存好 GCP 点，GCP 点分待纠正影像的点和控制影像的点，要分别命名，且每年均要保存以做备用和调整）。

第 5 步：影像重采样（注意重采样时像元的大小要与原始影像的相同）。

四、影像镶嵌

在遥感影像处理中经常会遇到将多幅影像拼接到一起才能完整地覆盖研究区的情况，这就需要我们在遥感影像预处理过程中进行拼接处理。

ERDAS 软件中遥感影像拼接处理的方法与步骤如下（以将三张 TM 影像拼接为例）：

（1）启动影像拼接工具，在 ERDAS 图标面板工具条中，点击 Dataprep/Datapreparation/Mosaic Images，打开 Mosaic Tool 视窗。

（2）加载 Mosaic 影像，在 Mosaic Tool 视窗菜单条中，点击 Edit/Add Images，打开 Add Images for Mosaic 对话框。依次加载窗拼接的影像。

（3）在 Mosaic Tool 视窗工具条中，点击 Set Input Mode 图标，进入设置影像模式的状态，利用所提供的编辑工具，进行影像叠置组合调查。

（4）影像匹配设置，点击 Edit/Image Matching，点击 Matching Options 对话框，设置匹配方法：Overlap Areas。

（5）在 Mosaic Tool 视窗菜单条中，点击 Edit/set Overlap Function，打开 Set Overlap Function 对话框。

（6）设置以下参数。设置相交关系（Intersection method）：Nocutline Exists。设置重叠影像元灰度值计算（Select Function）：Average。

（7）运行 Mosaic 工具。在 Mosaic Tool 视窗菜单条中，点击 Process/Run Mosaic，打开 Run Mosaic 对话框。

确定输出文件名：Mosaic.img；确定输出影像区域：ALL。

点击 OK 进行影像拼接。

第四节　遥感解译

一、解译方法及软件

（一）遥感解译方法

遥感解译是从遥感影像上获取目标地物信息的过程，即根据各专业的要求，运用解译标志和实践经验与知识，从遥感影像上识别目标，定性、定量地提取出目标的分布、结构、功能等有关信息，并把它们表示在地理底图上的过程。例如，土地利用现状解译，是在影像上先识别土地利用类型，然后在图上测算各类土地面积和空间分布。目前遥感解译主要有两种方法：一是遥感图像目视解译，二是遥感图像计算机解译。

1.遥感图像目视解译

遥感图像目视解译是指通过目标地物的识别特征包括色、形和位来判断地物类型和分布，并进一步确定面积等属性。色指目标地物在遥感影像上的颜色，包括色调（tone）、颜色（color）和阴影（shadow）。形指目标地物在遥感影像上的形状，包括形状（shape）、纹理（texture）、大小（size）等。位指目标地物在遥感影像上的空间位置，包括目标地物分布的空间位置（site）、图形（pattern）和相关布局（association）等。

目视解译方法有以下几种：

（1）直接判读法：使用直接判读标志（色调、色彩、大小、形状、阴影、纹理、图案等）直接确定目标地物的属性和范围。

（2）对比分析法：包括同类地物对比分析、空间对比分析、时相动态对比法等。

（3）信息复合法：利用透明专题图或透明地形图与遥感图像复合，根据专题图或者地形图提供的多种辅助信息，识别遥感图像上目标地物的方法。

（4）综合推理法：综合考虑遥感图像多种解译特征，结合生活常识，分析、推断某种目标地物的方法。

2.遥感图像计算机解译

遥感数字图像的计算机解译以遥感数字图像为研究对象，在计算机系统的支持下，综合运用地学分析、遥感图像处理、地理信息系统、模式识别与人工智能技术，实现地学专题信息的智能化获取。

遥感图形包括多种信息，由像素和亮度值表示。具有便于计算机处理与分析、图像信息损失少、抽象性强等特点。

同种地物在相同的条件下，应具有相同的或相似的光谱特征和空间信息特征，即同类地物像元的特征向量将集群在同一特征空间区域。常用的遥感图形的计算机分类主要有监督分类和非监督分类。

监督分类法就是指选择具有代表性的训练场作为样本，根据已知训练区提供的样本，选择特征参数，建立判别函数，据此对样本像元进行分类。其关键是选择样区、训练样本、建立判别函数。常见监督分类的方法包括最小距离法、多级分割分类法等。

非监督分类法就是指事先不知道类别特征，主要根据所有像元彼此之间的相似度大小进行归类合并（将相似度大的像元归为一类）的方法。

监督分类法与非监督分类法的根本区别在于是否选取样区和类别的意义在分类前是否已知。监督分类法主要依据训练场地的选择（数量、代表性、数目），非监督分类法主要依据遥感图像光谱统计特性。

（二）遥感解译软件

目前常用的遥感解译软件主要有 ERDAS、ENVI、ArcGIS 和 eCognition 等。

1.ERDAS

ERDAS IMAGINE（简称 ERDAS）是美国 ERDAS 公司开发的遥感图像处理系统。它以先进的图像处理技术，友好、灵活的用户界面和操作方式，面向广阔应用领域的产品模块，服务于不同层次用户的模型开发工具以及高度的 RS/GIS（遥感图像处理和地理信息系统）集成功能，为遥感及相关应用领域的用户提供了内容丰富而功能强大的图像处理工具，代表了遥感图像处理系统未来的发展趋势。该软件功能强大，在该行业中是最好的软件之一。

ERDAS 产品套件：它是一个用于影像制图、影像可视化、影像处理和高级遥感技术的完整的产品套件。

ERDAS 扩展模块：ERDAS 是以模块化的方式提供给用户的，用户可根据自己的应用要求、资金情况合理地选择不同功能模块及其不同组合，对系统进行剪裁，充分利用软硬件资源，并最大限度地满足用户的专业应用要求。

LPS（Leica Photogrammetry Suite，徕卡遥感及摄影测量系统）：LPS 是各种数字化摄影测量工作站所适用的软件系列产品，为地球空间影像的广泛应用提供了精密和面向生产的摄影测量工具。LPS 可以处理多种航天、航空传感器的多种格式影像，包括黑/白、彩色和最高至 16 bits 的多光谱等各类数字影像。LPS 可以提供从原始相片到通视分析各种摄影测量的需求，它为影像、地面控制、定向及 GPS 数据、矢量和处理影像等提供广泛的应用选择，并且操作灵活简便。LPS 可以提供上百种坐标系及地图投影的选择，以满足用户的不同需求。

2.ENVI

ENVI（The Environment for Visualizing Images）是一套功能齐全的遥感图像处理系统，是处理、分析并显示多光谱数据、高光谱数据和雷达数据的高级工具。ENVI 包含齐全的遥感影像处理功能，常规处理、几何校正、定标、多光谱分析、高光谱分析、雷达分析、地形地貌分析、矢量应用、神经网络分析、区域分析、GPS 连接、正射影像图生成、三维图像生成、丰富的可供二次开发调用的函数库、制图、数据输入/输出等功能，组成了图像处理软件中非常全面的系统。

ENVI 对于要处理的图像波段数没有限制，可以处理国际主流的卫星格式，如 Landsat7、IKONOS、SPOT、Radarsat、NASA、NOAA、EROS 和 TERRA，并具有接受未来所有传感器的信息扩展端口。

ENVI 具有强大的多光谱影像处理功能。ENVI 能够充分提取图像信息，具备全套完整的遥感影像处理工具，能够进行文件处理、图像增强、掩膜、预处理、图像计算和统计，完整的分类及后处理工具及图像变换和滤波工具，图像镶嵌、融合等功能。ENVI 具有丰富完备的投影软件包，可支持各种投影类型。同时，ENVI 还创造性地将一些高光谱数据处理方法用于多光谱影像处理，可更有效地进行知识分类、土地利用动态监测。

ENVI 具有更便捷地集成栅格和矢量数据的功能。ENVI 包含所有基本的遥感影像处理功能，如校正、定标、波段运算、分类、对比增强、滤波、变换、边缘检测及制图输出功能，并可以加注汉字。ENVI 具有对遥感影像进行配准和正射校正的功能，可以给影像添加地图投影，并与各种 GIS 数据套合。ENVI 的矢量工具可以进行屏幕数字化、栅格和矢量叠合，建立新的矢量层、编辑点、线、多边形数据，进行缓冲区分析，创建并编辑属性，进行相关矢量层的属性查询。

ENVI 的集成雷达分析工具可以快速处理雷达数据。用 ENVI 完整的集成式雷达分析工具可以快速处理雷达 SAR 数据，提取 CEOS 信息并浏览 Radarsat 和 ERS-1 数据。天线阵列校正、斜距校正、自适应滤波等功能可以提高数据的利用率。纹理分析功能还可以分段分析 SAR 数据。ENVI 还可以处理极化雷达数据，用户可以从 SIR-c 和 AIRSAR 压缩数据中选择极化和工作频率，还可以浏览和比较感兴趣的极化信号，并创建幅度图像和相位图像。

ENVI 具有三维地形可视分析及动画飞行功能，能按用户指定路径飞行，并能将动画序列输出为 MPEG 文件格式，便于用户演示成果。

3.ArcGIS

ArcGIS 是专业的地理信息系统软件，其产品线为用户提供了一个可伸缩的、全面的 GIS 平台。ArcObjects 包含了大量的可编程组件，从细粒度的对象（例如单个的几何对象）到粗粒度的对象（例如与现有 ArcMap 文档交互的地图对象），涉及面极广，这些对象为开发者集成了全面的 GIS 功能。每一个使用 ArcObjects 建成的 ArcGIS 产品都为开发者提供了一个应用开发的容器，包括桌面 GIS（ArcGIS Desktop）、嵌入式 GIS（ArcGIS Engine）以及服务端 GIS（ArcGIS Server）。

ArcGIS Desktop 是一系列整合的应用程序的总称，包括 ArcCatalog、ArcMap、ArcGlobe、ArcToolbox 和 ModelBuilder。通过协调一致地调和应用和界面，可以实现任何从简单到复杂的 GIS 任务，包括制图、地理分析、数据编辑、数据管理、可视化和空间处理。以下略述其各项功能：ArcMap 是 ArcGIS Desktop 中一个最主要的应用程序，具有基于地图作业的所有功能，包括制图、地图分析和编辑。它是生态监测中最常用的遥感解译和数据处理软件之一。

Arccatalog 应用模块的主要功能是组织和管理所有的 GIS 信息，如地图、数据集、模型、metadata、服务等。它的功能主要有浏览和查找地理信息，记录、查看和管理 metadata，定义、输入和输出 geodatabase 结构和设计，在局域网和广域网上搜索和查找 GIS 数据，管理 ArcGIS Server。

ArcGlobe 是 ArcGIS Desktop 系统中 3D 分析扩展模块中的一部分，提供了全球地理信息的连续、多分辨率的交互式浏览功能。像 ArcMap 一样，ArcGlobe 也是使用 GIS 数据层，显示 Geodatabase 和所有支持的 GIS 数据格式中的信息。

嵌入到 ArcGIS Desktop 各项程序环境中的 ArcToolbox 和 ModelBuilder，具有空间处理和空间分析的功能，其所包括的工具有：数据管理、数据转换、Coverage 的处理、矢量分析、地理编码、统计分析等。

ModelBuilder 为设计和实现空间处理模型的用户（包括工具、脚本和数据）提供了一个图形化的建模框架，让流程图的设计更为方便。

二、现状解译

（一）遥感解译一般程序

1.准备阶段

收集工作区的卫星图像，必要时可作影像增强处理。还要收集和研究有关的基本资料和图件，并了解该区的自然地理和人文地理概况，然后制订具体工作计划。

2.分类

根据工作和研究需要建立遥感解译的分类体系，分类体系建立的原则有三个：

一是综合性和代表性相结合的原则。生态环境是一个由自然和社会生态因素组成的复杂综合体，组成因子众多，各因子之间相互作用、相互联系。因此，选取的指标要尽可能地反映生态系统的各个方面。同时，由于目前遥感监测技术和能力的限制，不可能监测所有的生态环境因子，只能从中选择最具有代表性、最能反映生态环境本质特征的指标。

二是层次性原则。生态环境系统具有尺度性、等级性，国家、区域和景观级的生态环境各具有不同的特征，生态问题的反映指标也不一样。因此，不同等级的生态系统应该监测不同的指标，这样才能更好地监测和评估各级生态环境的状况、问题和变化规律。

三是可稳定获取原则。本文制定的监测指标体系从环境遥感监测业务化运行的角度出发，需要为生态管理和决策提供信息。因此，监测指标必须能够遥感监测，并且获得的信息要切实可靠，可连续长期进行监测。

3. 建立解译标志阶段

根据各种遥感图像，进行反复对比和综合分析，并与实际资料、实地地物对照、验证，建立各种地物在不同遥感图像上的解译标志。

4. 初步解译阶段

根据各种遥感图像的直接、间接解译标志，按从左到右、从上到下的顺序进行判读，对遥感影像进行初判，此时得出的结果为初判图层。

5. 野外验证阶段

选择一些重点地段做地面调查，采集标本、样品，绘制剖面，补充、修改解译标志，检验各种类型的界线。着重解决疑难和重要类型的判读准确度，其他地区只做少量抽样调查。

6. 修正解译图层和编写报告阶段

根据野外验证结果和影像，对初判图层进行全面详细的修正。首先对核查点位所在图斑进行修改；然后根据核查点位得出的区域各生态类型特征对整个初判图层进行修正；最后正式成图，根据任务要求和解译成果编写总结报告，并对影像解译的情况和经验作必要说明。

（二）解译标志的建立

遥感影像解译标志也称判读要素，它能直接反映地物信息的影像特征，解译者利用这些标志在图像上识别地物或现象的性质、类型或状况，因此它对于遥感影像数据的人机交互式解译意义重大。建立遥感影像解译标志可以提高遥感影像数据的精度。

我国幅员辽阔，地貌和气候差异很大，根据地貌、气候条件将全国划分为不同类型地貌样区，在简单型地貌样区建立各种基础地理信息要素的解译标志，有利于用正确的方法确定采集范围。对于某些特殊地理信息要素，可建立专门解译标志。在建立遥感信息模型时，可把这些属性添加到逻辑运算内。建立解译标志时所采用影像的季节应避免植被覆盖度高的夏季，避免使用积雪较多、云层遮盖或烟雾影响较大的数据。有时候需要根据基础地理信息数据要求选择遥感影像波段组合顺序及与全色波段进行融合。在对数据进行增强处理时，要避免引起信息损失。

在影像上选择解译标志区的要求是：范围适中以便反映该类地貌的典型特征，尽可能多地包含该类地貌中的各种基础地理信息要素类且影像质量好。标志区的选取完成后，寻找标志区内包含的所有基础地理信息要素类，然后选择各典型图斑作采集标志，再去实地进行野外校验，对不合理的部分进行修改，直到与实地相符为止。同时拍摄该图斑地面实地照片，以便使影像和实际地面要素建立关联，增强遥感影像解译标志的真实性和直观性，加深解译技术人员对解译标志的理解。

遥感影像解译标志的建立有利于解译者对遥感信息进行正确判断和采集，这对于用人机交互方式从遥感影像上采集基础地理信息数据是十分必要的，尤其是在作业区范围很大、作业人员知识背景差异也很大且外业踏勘不足的情况下，可以使作业人员迅速适应解译区的自然地理环境和解译采集要求。但是人机交互式解译毕竟无法对大量卫星遥感数据进行快速处理,这就需要建立较为完善的遥感信息解译模型,以便用计算机对遥感信息进行解译和采集。遥感影像解译标志是遥感信息模型建立的前提和基础,有了较为准确的遥感信息解译标志,才能建立较为实用的遥感信息模型。

各地物类型的解译标志众多,不同地物解译标志不同,同种地物不同时期、不同分布地域解译标志也不同。要求影像解译人员应对解译区域十分熟悉,从已知地点、地物通过影像色彩、色调、纹理、空间位置、地物组合特征等信息来判别未知区域地物类型。

全国生态遥感监测与评价人机交互判读分析采用 96-B02-01-02 专题组成果,以区域特点、遥感信息源的季相特点为基础,分土地利用类型及其所处的不同地貌部位、不同的植被类型进行整理。

(三) 基准年份解译

1. 解译技术要求

判读提取目标地物的最小单元:按照全国统一标准,面状地类应大于 4×4 个像元(120 m×120 m),线状地物图斑短边宽度最小为 2 个像元,长边最小为 6 个像元;屏幕解译线划描迹精度为两个像元点,并且保持圆润。

判读精度要求:各图斑要素的判读精度具体如下:一级分类>90%,二级分类>85%,三级分类>80%。

其他要求:解译图层最终为 ArcInfocov 格式,多边形全部为闭合曲线;没有出头的 Dangle 点,断线尽量少;利用 Clean/Build 建立拓扑关系,容限值为 10;多边形没有多标识点或无标识点的现象;没有邻斑同码、一斑多码、异常码(非分类系统编码和动态变化码)等;具有多边形拓扑关系。

2. 利用 ArcGIS 中的 Map 窗口实现土地利用遥感解译

在 ArcGIS 中根据遥感影像和地物解译标志,分别对遥感影像上符合特征的图斑进行勾勒,并赋予相应编码。由于 shp 文件在编辑时容易损坏,建议将 shp 格式转换成 File Geodatabase（gdb）或 Personal Geodatabase（mdb）文件。

第一,在 gdb 或者 mdb 格式的影像对象上建立土地利用分类字段;这里以解译数据 LD2000 为例进行说明。ArcMap 下加载 LD2000 面状矢量数据(gdb 格式),查看矢量数据字段为 shape*、shape_length、shape_area 三个 gdb 格式数据系统内部生成的字段。在 LD2000 矢量数据非编辑状态下,打开 LD2000 矢量数据的属性表,通过 Add Field 新建 LD2000_id 为土地利用现状地类字段。

第二,对 LD2000_id 字段进行赋值,完成 2000 年土地利用数据解译工作。具体方法为在 ArcMap 下加载 LD2000 面状矢量数据（gdb 格式）和遥感影像数据,选中要赋值的斑块进行赋值。这里介绍两种方法：一种是通过 Field Calculator 字段计算来完成 LD2000_id 字段赋值,该方法支持多个斑块同时进行赋值,可在 LD2000 矢量数据编辑状态或者非编辑状态下使用,但选中的斑块必须为同一地物类型。另外一种方法是在编辑状态下,通过对 LD2000 矢量数据逐个斑块进行编辑,完成矢量数据 LD2000_id 字段的赋值。在 ArcMap 下打开 Editor 编辑工具条,点击 Start Editing,编辑对象为 LD2000 矢量数据。选中需要赋值的斑块,进行 LD2000_id 字段赋值。

由于 LD2000 矢量数据是用面向对象多尺度分割生成的,分割尺度的不同,会导致部分斑块含有多种用地类型或者多个相邻斑块为同种地类,这里就需要对 LD2000 矢量数据中斑块进行切割、合并处理。

斑块的切割处理：在编辑状态下,选中要切割的斑块,点击 Editor 编辑工具条上的 Cut Polygons Tool 中,手工勾绘切割的边界,完成斑块的切割。需要注意的是勾绘边界时,可逐个拐点进行描绘,也可以按下电脑键盘 F8 键通过在屏幕上移动鼠标形成的轨迹完成边界的描绘工作。

斑块的合并：斑块的合并是将相邻的同种类型斑块合并成一个斑块的过

程。点击 Editor 编辑工具条 Editor 下拉菜单上的 merge 工具，将选中的斑块合并到选中的其中一个斑块上。

在矢量数据的编辑中，Autocomplete Polygon 也是常用的工具之一。由于多种原因，编辑的数据经常会出现缝隙，或者需要和现有斑块共用边界描绘新的斑块，这时就需要通过 Autocomplete Polygon 工具编辑完成。点击 Autocomplete Polygon 工具，在缝隙处任选两点进行连接便完成了缝隙的自动填充，然后对新生成的斑块进行属性赋值。矢量数据中的缝隙也可以通过拓扑检查和拓扑编辑来查找和编辑。

三、动态解译

（一）基于 NDVI 的草地动态信息提取

遥感监测为监测大面积区域的植被覆盖度，甚至全球的植被覆盖度提供了可能。植被覆盖度与归一化植被指数 NDVI 之间存在着极显著的线性相关关系。通常使用 NDVI 估算区域植被盖度，考虑全国的通用和可比性，选取以下公式近似反映草地覆盖度：

$$f_v = \frac{\text{NDVI} - \text{NDVI}_{\min}}{\text{NDVI}_{\max} - \text{NDVI}_{\min}} \tag{2-1}$$

式中：f_v——植被覆盖度；

$\text{NDVI}_{\min}$——采用直方图法确定；

$\text{NDVI}_{\max}$——选择在高盖度区 5—9 月间的最大 NDVI 值，以 95% 的置信度得出一个统计值。

根据以上公式计算就可以求得区域植被覆盖度,然后利用 ArcGIS 的 Reclass 功能,将区域植被覆盖度归并为高覆盖度（$f_v>50\%$）、中覆盖度（$50\%\geqslant f_v>20\%$）、低覆盖度（$20\%\geqslant f_v>5\%$）、无植被区（$f_v<5\%$）；再利用 ArcGIS 的叠加分析功能,可以得到覆盖度变化的区域,最后将覆盖度变化图层与土地利用/覆盖图层叠加,对覆盖度变化的草地区域进行解译。

（二）基于自动检测的动态信息提取

变化检测算法采用变化矢量分析模型（CVA）方法。CVA 视每个波段的变化为均等对待,取名波段变化的欧几里得距离视为变化的判据,按土地覆被类型统计变化矢量的均值与标准差。

$$R=\begin{bmatrix}r_1\\r_2\\\vdots\\r_n\end{bmatrix}, S=\begin{bmatrix}s_1\\s_2\\\vdots\\s_n\end{bmatrix} \tag{2-2}$$

式中：R、S——分别表示二景影像；

r、s——波段；

n——波段号。

$$\Delta V = R-S = \begin{bmatrix}r_1-s_1\\r_2-s_2\\\cdots\\r_n-s_n\end{bmatrix} \tag{2-3}$$

式中：ΔV——二景影像的变化矢量。

$$|\Delta V|=\sqrt{(r_1-s_1)^2+(r_2-s_2)^2+\cdots+(r_n-s_n)^2} \tag{2-4}$$

式中：$|\Delta V|$——二景影像的变化矢量幅度。

在条件许可下，建议变化检测使用二季节数据，$CV_j(x,y)$ 判别需要在二季节共同判别的基础上提取变化类型，特别是耕地的作物每年都会有变化，影响耕地的识别。若决策树效果不佳，则需要对决策树进行阈值调整，之后进行分类（见图 2-3）。

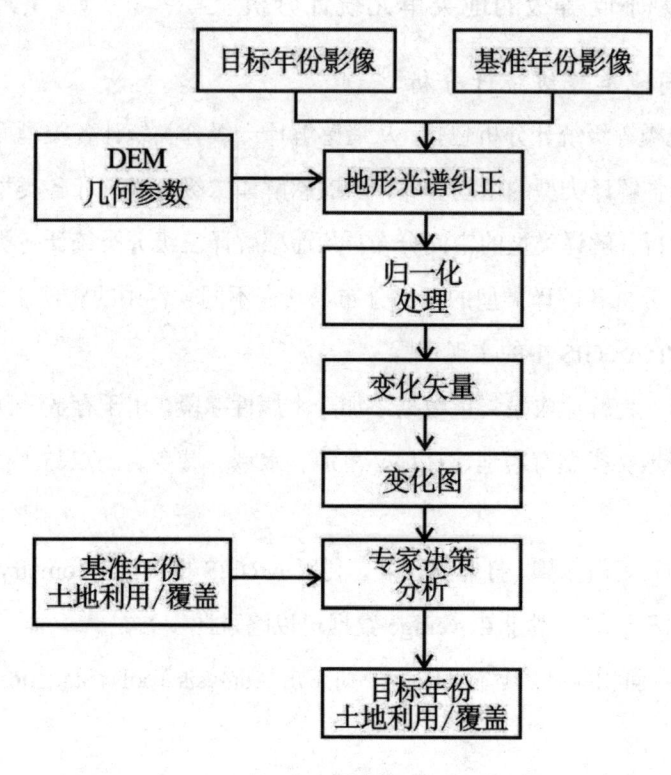

图 2-3 变化检测技术流程

第五节　解译数据统计分析

一、现状汇总分析

（一）不同等级的地类单元统计分析

1.不同地类等级统计分析

不同地类等级统计分析包括：从遥感解译一级分类统计各类型面积与面积比例，分析各解译类型的空间分布；从遥感解译二级分类统计各类型面积与面积比例，分析各解译类型的空间分布；从遥感解译三级分类统计各类型面积与面积比例，分析各解译类型的空间分布。其在不同软件中的实现步骤如下：

（1）在 ArcGIS 中的实现步骤

第一步：为解译成果矢量数据添加一个属性字段，用于存放一级分类地类名称（一级地类类型有耕地、林地、草地、水域、城乡居民点与工矿用地、未利用土地）。

第二步：面积计算。打开属性表，利用 ArcGIS 提供的 Geometry Calculator 工具进行面积计算（对于 Coverage 数据可以略过此步）。

第三步：面积统计，具体操作为分别点击 Analysis Tools、Statistics、Summary Statistics。

（2）在 Arc workstation 中的实现步骤

第一步：通过 Infodbase 命令将图层属性表导成 dbf 的文件，具体操作为 *.pat*.dbf。

第二步：在 Microsoft Access 中导入 dbf 文件，然后利用查询汇总的功能可以得出每种类型的面积。

2.不同行政区级别统计分析

不同行政区级别统计分析包括：以省为单位统计分析各类型面积，比较各省生态类型的构成；以地级市为单位统计分析各类型面积，比较各地级市生态类型的构成；以县域为单位统计分析各类型面积，比较各县生态类型的构成。其在不同软件中的实现步骤如下：

（1）在 ArcMap 中的实现步骤

第一步：解译成果矢量数据与行政区矢量数据的叠加处理，将解译矢量数据层与行政区信息叠加起来。具体操作为分别点击 ArcToolbox、Analysis Tools、Overlay、Intersect。

第二步：面积计算。打开属性表，利用 ArcGIS 提供的 Geometry Calculator 工具进行面积计算。

第三步：面积统计。具体操作为分别点击 Analysis Tools、Statistics、Summary Statistics。

（2）在 Arc Workstation 与 Microsoft Excel 中的实现步骤

第一步：利用 ArcGIS 的空间叠加分析功能将省（地市或县）图层与土地利用图层叠加在一起。

第二步：利用 ArcMap 的 Export 或者 Arc workstation 的 Infodbase 命令将叠加图层的属性表导出，形成*.dbf 文件。

第三步：利用 Microsoft Excel 打开*.dbf 文件，利用 Excel 透视表功能对数据进行分省（市或县）汇总。以分县各地类统计为例，在透视表设计时将"县"字段作为"行标签"，"地类编码或名称"作为"列标签"，面积作为加入统计值。

（二）生态环境质量指数统计分析

1. 生物丰度指数

生物丰度指数指通过单位面积上不同生态系统类型在生物物种数量上的差异，间接地反映被评价区域内生物丰度的丰贫程度。生物丰度指数计算分权重见表 2-2。

表 2-2 生物丰度指数计算分权重

权重	林地				草地			水域湿地			耕地		建筑用地		未利用地		
	0.35				0.21			0.28			0.11		0.04		0.01		
结构类型	有林地	灌木林地	疏林地和其他林地	高覆盖度草地	中覆盖度草地	低覆盖度草地	河流	湖泊（库）	滩涂湿地	水田	旱田	城镇建设用地	农村居民点	其他建设用地	沙地	盐碱地	裸土地	裸岩石砾
权重	0.6	0.25	0.15	0.6	0.3	0.1	0.1	0.3	0.6	0.6	0.4	0.3	0.4	0.3	0.2	0.3	0.3	0.2

生物丰度指数的计算方法如下：

生物丰度指数 ＝ A_{bio} ×（0.35×林地面积+0.21×草地面积+0.28×水域湿地面积+0.11×耕地面积+0.04×建设用地面积+0.01×未利用地面积）/区域面积

(2-5)

式中：A_{bio}——生物丰度指数的归一化系数。

2. 植被覆盖指数

植被覆盖指数是用于反映被评价区域植被覆盖程度的指标，其计算分权重见表2-3。

表2-3 植被覆盖指数计算分权重

权重	林地			草地			农田		建设用地			未利用地		
	0.38			0.34			0.19		0.07			0.02		
结构类型	有林地	灌木林地	疏林地和其他林地	高覆盖度草地	中覆盖度草地	低覆盖度草地	水田	旱田	城镇建设用地	农村居民点	其他建设用地	沙地	盐碱地	裸土地	裸岩石砾
权重	0.6	0.25	0.15	0.6	0.3	0.1	0.7	03	0.3	0.4	0.3	0.2	0.3	0.3	0.2

植被覆盖指数的计算方法如下：

植被覆盖指数=A_{veg}×（0.38×林地面积+0.34×草地面积+0.19×农田面积

+0.07×建设用地面积+0.02×未利用地面积）/区域面积

（2-6）

式中：A_{veg}——植被覆盖指数的归一化系数。

3.水网密度指数

水网密度指数是指被评价区域内河流总长度、水域面积和水资源量占被评价区域面积的比重，用于反映被评价区域水的丰富程度。水网密度指数的计算方法如下：

水网密度指数=[A_{riv}×河流长度/区域面积+A_{lak}×湖库（近海）面积/区域面积+A_{res}×水资源量/区域面积]/3

（2-7）

式中：A_{riv}——河流长度的归一化系数；

A_{lak}——湖库面积的归一化系数；

A_{res}——水资源量的归一化系数。

4.景观异质性指数

（1）景观斑块密度

景观斑块密度指景观中单位面积的斑块数，其计算公式为：

$$PD = M / A \qquad (2-8)$$

式中：PD——景观斑块密度；

M——研究范围内某空间分辨率上景观要素类型总数；

A——研究范围景观总面积。

（2）景观边缘密度

景观边缘密度指景观范围内单位面积上异质景观要素斑块间的边缘长度，其计算公式为：

$$ED = \frac{1}{A} \sum_{i=1}^{M} \sum_{j=1}^{M} P_{ij} \qquad (2-9)$$

式中：P_{ij}——景观中第 i 类景观要素斑块与相邻第 j 类景观要素斑块间的边界长度。

（3）景观优势度指数

景观优势度指数指衡量景观结构中一种或几种景观组分对景观的分配程度。它与景观多样性指数意义相反，对景观类型数目相同的不同景观，多样性指数越高，其优势度越低。

$$D = H_{\max} + \sum_{k=1}^{m} P_k \ln(P_k) \qquad (2-10)$$

式中：D——景观优势度指数，它与景观多样性成反比；

H_{max}——最大多样性指数，$H_{max} = \ln(m)$；

m——景观中缀块类型的总数；

P_k——缀块类型 k 在景观中出现的概率。

通常，较大的 D 值对应一个或是少数几个缀块类型占主导地位的景观。

（4）景观多样性指数

景观多样性指数分为 Shannon 多样性指数和 Simpson 多样性指数，其计算公式分别为：

$$H = -\sum_{k=1}^{m} P_k \ln(P_k) \qquad (2-11)$$

$$H^{'} = 1 - \sum_{k=1}^{m} P_k^2 \qquad (2-12)$$

式中：H——Shannon 多样性指数；

$H^{'}$——Simpson 多样性指数；

P_k——斑块类型 k 在景观中出现的概率；

m——景观中斑块类型总数。

（5）实现方法

景观异质性指数、景观聚集度指数和景观破碎度指数等主要利用 ArcGIS 软件和 Fragstats 软件计算得出，其具体操作步骤如下。

第一步：在 ArcMap 中对解译成果矢量数据层添加一个属性字段（landclass），将耕地、林地、草地等解译地类进行重新分类，如耕地归为景观类型中的 1，林地归为景观类型中的 2，草地归为景观类型中的 3，可根据需要取相应的类型名。

第二步：将矢量数据转换成栅格数据。具体操作为分别点击 Conversion Tools、To Raster、Feature to Raster。

第三步：转入 Fragstats 软件，导入第二步转换好的栅格数据。

第四步：选择所需计算的景观指数。

第五步：执行景观运算，并查看相关计算结果。

（三）地统计分析

1. 区域化变量

克里格方法（Kriging）又称空间局部插值法，是以变异函数理论和结构分析为基础，在有限区域内对区域化变量进行无偏最优估计的一种方法，是地统计学的主要内容之一。其数学表示为：

$$Z(x_0) = \sum_{i=1}^{n} w_i Z(x_i) \tag{2-13}$$

式中：$Z(x_0)$——未知样点的值；

$Z(x_i)$——未知样点周围的已知样本点的值；

w_i——第 i 个已知样本点对未知样点的权重；

n——已知样本点的个数。

克里格方法的主要步骤如图 2-4 所示。

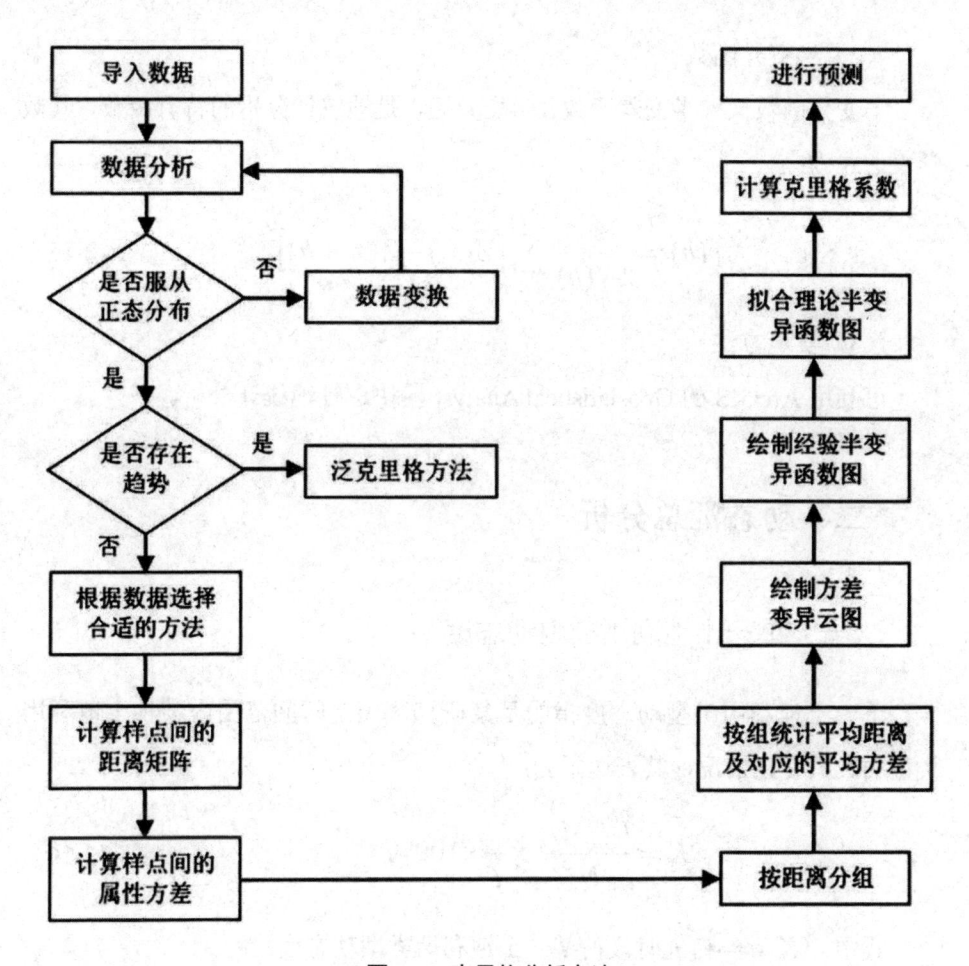

图 2-4 克里格分析方法

2.变异分析

（1）协方差函数

协方差函数把统计相关系数的大小作为一个距离的函数。协方差与协方差矩阵数学表达式为：

$$r(h) = \frac{1}{2N(h)} \sum_{i=1}^{N(h)} [Z(x_i) - Z(x_i + h)]^2 \qquad (2-14)$$

(2) 半变异函数

半变异函数又称半变差函数、半变异矩，是地统计分析的特有函数，其数学表达式为：

$$r(h) = \frac{1}{2N(h)} \sum_{i=1}^{N(h)} \left[Z(x_i) - Z(x_i + h) \right]^2 \qquad (2\text{-}15)$$

(3) 实现方法

可利用 ArcGIS 的 Geostatistical Analyst 模块进行地统计分析。

二、动态汇总分析

(一) 单一土地利用类型动态度

单一土地利用类型动态度指的是某研究区一定时间范围内某种土地利用类型的数据变化情况，其表达式为：

$$K = \frac{U_b - U_a}{U_a} \times \frac{1}{T} \times 100\% \qquad (2\text{-}16)$$

式中：K——研究时段内某一土地利用类型动态度；

U_a、U_b——分别为研究期初及研究期末某一种土地利用类型的数量；

T——研究时段长。

当 T 的时段设定为年时，K 的值就是该研究区某种土地利用类型年变化率。

（二）综合土地利用动态度

某一研究区的综合土地利用动态度可表示为：

$$LC = (\frac{\sum_{i=1}^{n} \Delta LU_{i-j}}{2\sum_{i=1}^{n} LU_i}) \times \frac{1}{T} \times 100\% \qquad (2\text{-}17)$$

式中：LU_i——监测起始时间第 i 类土地利用类型面积；

ΔLU_{i-j}——监测时段内第 i 类土地利用类型转为非 i 类土地利用类型面积的绝对值；

T——监测时段长度。当 T 的时段设定为年时，LC 值就是该研究区土地利用年变化率。

（三）转移矩阵

根据需要，分别对解译分类的一级分类、二级分类和三级分类建立转移矩阵，分析与评价各类型转换特征，系统评价各类型变化的结构特征与各类型变化的方向和变化强度。矩阵基本模型为：

$$X_{(k+1)} = X_k \times P \qquad (2\text{-}18)$$

式中：X_k——趋势分析与预测对象在 $t = k$ 时刻的状态向量；

P——一步转移概率矩阵；

$X_{(k+1)}$——趋势分析与预测对象在 $t = k+1$ 时刻的状态向量。

（四）各类型变化方向（类型转移矩阵与转移比例）

借助生态系统类型转移矩阵可以全面具体地分析区域生态系统变化的结构特征与各类型变化的方向。转移矩阵的意义在于它不但可以反映研究期初、研究期末的土地利用类型结构，而且可以反映研究时段内各土地利用类型的转移变化情况，便于了解研究期初各类型土地的流失去向以及研究期末各土地利用类型的来源与构成。计算方法为：

$$\begin{cases} A_{ij} = a_{ij} \times 100 / \sum_{j=1}^{n} a_{ij} \\ B_{ij} = a_{ij} \times 100 / \sum_{i=1}^{n} a_{ij} \\ 变化率（\%）=(\sum_{i=1}^{n} a_{ij}) / \sum_{j=1}^{n} a_{ij} \end{cases} \quad (2\text{-}19)$$

式中：i——研究初期生态系统类型；

j——研究末期生态系统类型；

a_{ij}——生态系统类型的面积；

A_{ij}——研究初期第 i 种生态系统类型转变为研究末期第 j 种生态系统类型的比例；

B_{ij}——研究末期第 j 种生态系统类型中由研究初期的第 i 种生态系统类型转变而来的比例。

（五）生态系统综合变化率

生态系统综合变化率综合考虑了研究时段内生态系统类型间的转移，着眼于变化的过程而非变化的结果，反映了研究区生态系统类型变化的剧烈程度，可以方便人们在不同的空间尺度上找出生态系统类型变化的热点区域。计算方法为：

$$EC = \frac{\sum_{i=1}^{n} \Delta ECO_{i-j}}{2\sum_{i=1}^{n} ECO_i} \times 100\% \qquad (2\text{-}20)$$

式中：ECO_i——监测起始时间第 i 类生态系统类型面积，根据全国生态系统类型图矢量数据在 ArcGIS 平台下进行统计获取；

ΔECO_{i-j}——监测时段内第 i 类生态系统类型转为非 i 类生态系统类型面积的绝对值，其值根据生态系统转移矩阵模型获取。

（六）类型相互转化强度（土地覆被转型指数）

首先对解译类型进行植被类型定级，然后使植被类型变化前后级别相减，如果为正值则表示覆被类型转好，反之表示覆被类型转差。土地覆被转型指数定义为：

$$LCCI_{ij} = \frac{\sum \left[A_{ij} \times (D_a - D_b) \right]}{A_{ij}} \times 100\% \qquad (2\text{-}21)$$

式中：转型 $LCCI_{ij}$——某研究区土地覆被转类指数；

i——研究区；

j——土地覆被类型，$j = 1, \ldots, n$；

转型 A_{ij}——某研究区土地覆被一次转类的面积；

转型 D_a——转类前级别；

D_b——转类后级别。

$LCCI_{ij}$ 值为正，表示此研究区总体上土地覆被类型转好；$LCCI_{ij}$ 值为负，表示此研究区总体上土地覆被类型转差。

第三章 生态环境地面监测技术

第一节 生态环境地面监测的内涵、意义

一、生态环境地面监测的内涵

生态环境地面监测是指应用可比的方法，对一定区域范围内的生态环境或生态环境组合体的类型、结构和功能及其组成要素等进行系统的地面测定和观察，利用监测数据反映的生物系统间相互关系变化来评价人类活动和自然变化对生态环境的影响。

在所监测区域建立固定站，由人徒步或乘越野车等交通工具按规划的路线进行定期测量和收集数据。它只能收集几千米到几十千米范围内的数据，且费用较高，但这是最基本也是不可缺少的手段，因为地面监测是"直接"数据，可以对空中和卫星监测进行校核。某些数据只能在地面监测中获得，例如，降雨量、土壤湿度、小型动物、动物残余物（粪便、尿和残余食物）等。地面测量采样线一般沿着现存的地貌，如小路、家畜和野兽行走的小道。记录点放在这些地貌相对不受干扰一侧的生境点上，采样断面的间隔为 0.5～1.0 km。收集数据包括：植物物候现象、高度、物种、物种密度、草地覆盖以及生长阶段、

密度和木本物种的覆盖；动物活动、生长、生殖、粪便及食物残余物。

二、生态环境地面监测的意义

　　作为生态环境保护的重要基础性工作，生态环境监测肩负着为生态保护管理决策提供技术支撑、技术监督和技术服务的使命，对保护环境、保障民生和建设生态文明具有重要意义。由于生态系统的复杂性、综合性，生态环境问题的区域差异性，遥感监测在较大监测范围和获取信息的时空连续性上有明显优势，监测的信息侧重反映生态类型及其空间分布格局。但是，它对于生态系统的物种组成、结构、服务功能状况及面临的干扰和胁迫等方面的监测难以实现。已经开展的地面核查也仅是为了评价遥感解译的准确性，没有针对生态系统结构、功能状态开展调查，因此目前的生态环境质量评价还不能够全面描述生态系统状态。地面监测通过实地取样调查分析，能够获得生态系统的群落结构、物种组成、物质生产能力信息，从微观上了解生态系统状况。因此，为了弄清生态环境质量状况及发展趋势，必须开展生态地面监测工作，填补生态环境监测的短板，把遥感监测和地面监测相结合，使它们提供的信息能够互相比较、修正和补充。

第二节 监测区域和样地设置

一、监测区域的建立

（一）定位

在地形图上确定监测区域的范围后，现场核实该区域植被的类型与要求是否一致，对监测区域的地理位置、植被类型和进行监测的可行性等情况进行调查、分析，用 GPS 定位仪进行精确定位，确定监测区域位置。

（二）区域划定

每个监测区域依据地形而设，可设为圆、正方形或多边形。对于地形复杂、植被类型多样而零散的地区，可设 2~3 个区域作为一个监测点。

（三）建立标志

在监测区域内的中心位置或附近建立醒目的固定标志，测定标志点的经纬度。固定标志应经久耐用，文字应清晰牢固，便于查找。

二、样地和样方的设置

不同的生态系统，以及相同的生态系统中不同的监测区域，由于其主导生态因子的不同，对样方和样地的设置有不同的倾向性，并且随着生态因子的变化，监测方法也将随之改变。

（一）森林生态系统

1.区域设置

一个监测区域内的样地包括主样地和辅助样地，辅助样地是主样地的补充，而不是重复。样地相当于一个样方或几个样方的集合。在森林生态系统监测中，为了保证样地的代表性，应该对本监测区域的代表性植被类型进行长期观测，包括该区域内的典型地带性植被类型、重要的人工林、其他分布面积很广的群落类型，将其中一个最具有代表性的群落类型的典型地段设为主样地，其他类型设为辅助样地。方法要点包括以下五个方面：

（1）监测样地面积（见表3-1）。标准样地的合理设置极为重要，首先是选址，要设立在能代表当地植被类型而且林相相同的地段。样地的形状和大小方面，通常选用正方形或长方形，其一边长度至少要高于乔木最高树种的树高。一个基本原则是，标准样地的面积必须大于群落最小面积，一般情况下可取 20 m×20 m 或 30 m×30 m。设置标准样地时，应尽量避免主观性，样地最好要有重复。主样地面积应足够大，一般至少应该达到 1 hm^2。辅助样地的面积可适当小于主样地，但不能小于群落最小面积。

表 3-1 森林监测样地布设面积

地区	主样地	辅助样地
热带	100 m×100 m（雨林）	40 m×40 m（雨林和季雨林）
亚热带	100 m×100 m（人工林）	30 m×30 m（人工林）
	100 m×100 m（自然林）	30 m×40 m（自然林）
温带	100 m×100 m（人工林）	20 m×30 m（人工林和自然林）
	100 m×100 m（自然林）	

（2）样地围取。

（3）样地所代表群落的一般性描述。

（4）样地保护。为了保证观测样地的时间延续性，每类观测样地会分别设置非破坏性的永久样地和破坏性取样地。

（5）乔木层的编号。对永久样地所包含的所有乔木树种的所有个体，根据其相对位置进行编号，并挂上标牌。

2.样方设置

为了取样的方便和研究的需要，通常要将样地进一步划分成次一级的样方。为了便于区分，将原样地称为一级样方。将原样方进一步划分成 10 m×10 m 的次级样方，称为二级样方。其样方设置方法为：

（1）主样地中样方的划分。主样地（一级样方）面积为 100 m×100 m。在一级样方内，进一步划分成 100 个二级样方。

（2）辅助样地二级样方的划分。

热带森林样方设计：一级样方为 40 m×40 m，并进一步分成 10 m×10 m 的二级样方，共 16 个。

亚热带森林样方设计：一级样方为 30 m×40 m，并进一步分成 10 m×10 m 的二级样方，共 12 个。

温带森林样方设计：一级样方为 20 m×30 m，并进一步分成 10 m×10 m 的二级样方，共 6 个。

（二）草原生态系统

1.区域设置

在监测区域内选取最具有代表性的草原生态系统类型的典型地段设置主样地，在附近地段选取辅助样地。监测区域的占地面积一般不少于 100 000 m^2。主样地设置为 200 m×200 m 的监测样地。可在监测区域内，选择 2~4 个与主样地生态系统类型相同、长期受人类活动干扰，并具有很强可比性的地段作为辅助样地，进行长期观测。

2.样方设计

（1）样方面积按照地面植被和生态类型确定。草本及矮小灌木草原样方面积为 1 m×1 m。具有灌木及高大草本植物的草原样方面积为 10 m×10 m 或 5 m×20 m，里面的草本及矮小灌木小样方面积为 1 m×1 m。

（2）样方间距离不得小于遥感影像资料的分辨率。用 MODIS 资料进行遥感监测时，样方间水平间距≥250 m。

（3）草本及矮小灌木草原的监测点设置的样方数量≥30 个。具有灌木及高大草本植物草原的监测点设置的样方数量≥10 个，每个样方内应设置草本及矮小灌木样方≥3 个。每个禁牧小区内应设置草本及矮小灌木小样方≥3 个。

（三）荒漠生态系统

1.区域设置

荒漠生态系统设置在本地区最具典型性和代表性的地段，要地势平坦、开阔，土壤和植被分布比较均匀。在主样地四周 100 m 范围内，不能有大的风蚀区，也不能处于正在快速移动的流动沙丘的下风向，以避免受到风蚀或沙流的影响。

主样地的面积应为 100 m×100 m；个别地点如受自然条件限制，也必须保证不小于 50 m×50 m。辅助样地面积应为 100 m×100 m，周围 50 m 范围内不能有风蚀区。

2.样方设计

荒漠生态系统各群落类型的监测样方，要求至少有 5~10 个重复。由于荒漠生态系统植被较为稀疏，乔木植被最好采用 100 m×100 m 或 50 m×50 m 的大样方。灌木、半灌木植被采用 10 m×10 m 或 5 m×5 m 的样方，草本植物采用 1 m×1 m 的样方。

（四）湿地生态系统

1. 区域设置

（1）沼泽。在生态系统中最具有代表性的区域设置主样地。另外，在沼泽各类型生态区内，选择面积较小的辅助样地。

（2）湖泊、水库、池塘、河流。河流采样断面按下列方法与要求布设（见表 3-2）：城市或工业区河段，应布设对照断面、控制断面和削减断面；污染严重的河段可根据排污口分布及排污状况，设置若干控制断面，排污量不得小于本河段总量的 80%；本河段内有较大支流汇入时，应在汇合点支流上游处及充分混合后的干流下游处布设断面；出入境国际河流、重要省际河流等水环境敏感水域，在出入本行政区界处应布设断面；水质稳定或污染源对水环境无明显影响的河段，可只布设一个控制断面；水网地区应按常年主导流向设置断面；有多个岔路时应设置在较大干流上，径流量不得少于总径流量的 80%。

表 3-2　江河采样垂线布设

水面宽/m	采样正线布设	岸边有污染带	相对范围
<50	1 条（中泓处）	如岸边有污染带增设 1 条垂线	
50～100	左、中、右 3 条	3 条	左、右设在距湿岸 5～10 m 处
100～1 000	左、中、右 3 条	5 条（增加岸边 2 条）	岸边垂线距湿岸边 5～10 m 处
>1 000	3～5 条	7 条	

潮汐河流采样断面布设应遵守下列要求：设有防潮闸的河流，在闸的上、下游分别布设断面；未设防潮闸的潮汐河流，在潮流界以上布设对照断面，潮流界超出本河段范围时，在本河段上游布设对照断面；在靠近入海口处布设削减断面；入海口在本河段之外时，设在本河段下游处；控制断面的布设应充分考虑涨、落潮水流变化。

湖泊（水库）采样断面按以下要求设置：在湖泊（水库）主要出入口、中心区、滞留区、饮用水源地、鱼类产卵区和游览区等应设置断面；主要排污口汇入处，视其污染物扩散情况在下游100~1 000 m处设置1~5条断面或半断面；峡谷型水库，应该在水库上游、中游、近坝区及库层与主要库湾回水区布设采样断面；湖泊（水库）无明显功能分区，可采用网格法均匀布设，网格大小依湖、库面积而定；湖泊（水库）的采样断面应与断面附近水流方向垂直。

2.样方设计

（1）沼泽。主样地面积应大于4 hm²。在主样地内划出固定监测样方，一般说来，灌木、半灌木植被采用10 m×10 m或5 m×5 m的样方，草本植物采用1 m×1 m的样方。

（2）湖泊、水库、池塘、河流。河流、湖泊（水库）的采样点布设要求：河流采样垂线上采样点布设应符合表3-3规定，特殊情况可按照河流水深和待测分布均匀程度确定；湖泊（水库）采样垂线上采样点的布设要求与河流相同，但出现温度分层现象时，应分别在表层、斜温层和亚温层布设采样点；水环境封冻时，采样点应布设在冰下水深0.5 m处，水深小于0.5 m时，在1/2水深处采样。

表3-3 河湖采样点布设

水深/m	采样点数	位置	说明
<5	1	水面下0.5 m	不足1 m时，取1/2水深
5~10	2	水面下0.5 m，河底上0.5 m	如沿垂线水质分布均匀，可减少中层采样点
>10	3	水面下0.5 m，1/2水深，河底以上0.5 m	潮汐河流应设置分层采样点

第三节 野外监测与采样

生态环境地面监测内容包括生物要素监测和环境要素监测两大类。生态系统各要素的监测时间和频次详见表3-4。

表3-4 生态系统各要素的监测时间和频次

监测要素		监测时间	监测频次
生物要素	陆地植物群落	每年5~10月	1次/年（乔木层每3~5年一次）
	湖泊生物群落	每半年监测1次	2次/年
环境要素	水	每季度监测1次	4次/年
	大气	每季度监测1次	4次/年
	土壤	每3年监测1次	1次/3年
	底泥	每半年监测1次，与生物要素同步采样	2次/年
	气象	利用自动气象站监测	自动监测

以下将从植物群落和动物群落两个方面详细介绍森林、草地、荒漠和湿地等四类生态系统生物要素的野外监测与采样方法。

一、森林生态系统野外监测与采样

（一）仪器与用具

测绳、测树围尺、1.3 m标杆、样方框、米绳、剪刀、布袋或纸袋、卡尺、电子天平、调查表、测高仪、枝剪、镐头、标签、铁锹、木锯、皮尺、塑料绳、罗盘、地形图、海拔表、高精度GPS、醒目的标桩、带有编号的标牌、固定标牌的铁钉或铁丝等。

（二）样地背景与生境描述

森林生态系统是以乔木为主体的生物群落（包括植物、动物和微生物）及其非生物环境（光、热、水、气、土壤等）综合组成的生态系统。森林生态系统分布在湿润或较湿润的地区，其主要特点是动物种类繁多，群落的结构复杂，种群的密度和群落的结构能够长期处于稳定的状态。

植物群落学研究中，样地生境描述是必不可少的，是野外调查不可缺少的基础资料。业务调查记录应当既简要又规范，便于识别和操作。首先对选定样地做一个总的描述，描述内容主要包括植被类型、植物群落名称。这些因子大多数可以通过直观的观察确定，如植被类型、植物群落名称、地貌地形、水分状况、人类活动、动物活动以及岩体特征等，通常只需要定性的描述即可。

（三）植物群落调查

1.调查内容

（1）物种调查。乔木层记录种名（中文名和拉丁名）。进行每木调查：测量胸径（实测，通常采用离地面1.3 m处）和高度、冠幅（长、宽）、枝下高；每木调查起测径级为 1.3 m。基于每木调查数据，统计种数、优势种、优势种平均高度和密度。

灌木层记录种名（中文名和拉丁名），分种调查株数（丛数）、株高或丛平均高，并记录调查时所处的物候期。然后基于分种调查，按样方统计以下群落特征：种数、优势种、密度/多度。

草本层记录种名（中文名和拉丁名），分种调查株数、高度和生活型，并记录调查时所处的物候期；按样方统计种数、优势种、多度。

附（寄）生植物记录种名（中文名和拉丁名），分种调查多度、生活型、附（寄）主种类，藤本植物记录（中文名和拉丁名），分个体或分种调查基径。

（2）分布。个体或种群经纬度及海拔高度。

（3）习性。乔木、灌木、木质藤本，常绿或落叶。

（4）数量。种群数量及大小、分布面积。

（5）林分性质。起源、组成、林龄、生长情况等。

（6）生境状况。分布区域相关的自然地理等环境因子。

（7）植物学特征与生物学特征。形态特征、繁殖方式、花期、果期等。

（8）用途。用材、水土保持、观赏、果树、药用等。

（9）资金来源。野生、栽培、外来等。

（10）经济林木的开发利用现状及资源流失现状。

（11）受威胁现状及因素。

（12）保护管理现状。保护等级、就地保护、迁地保护、未保护等。

2.调查方法

调查工作要选择在大部分植物种类开花或结实阶段进行。同一个区域，应该在不同的季节开展调查（2次以上），尽可能地将该区域的林木种类及相关内容调查详尽。针对不同调查内容，采用相应的调查方法。

（1）样线（带）调查。按照已有的路径或设定一定的线路，详细调查林木种类及相关信息。

（2）样方调查。根据调查区域内植物群落分布状况，按不同海拔、坡向设置一定数量、面积的样方，在样方内详细调查森林物种、生产力及相关信息。

（3）全查法。调查样地内森林物种、生产力及相关信息。

3.标本采集与鉴定

在进行观察和研究时，必须准确鉴定并详细记录群落中所有植物种的中文名、拉丁名以及所有属的生活型。对不能当场鉴定的，一定要采集带有花或果的标本（或做好标记），以备在花果期鉴定。

4.多度的测定

多度是指某一植物种子群落中的数目。确定多度最常用的方法有两种，一是直接点数法，二是目测估计法。植物个体小而数量大时，如对草本和矮灌木常用目测估计法，对于乔木等大树多用直接点数法。目测估计法是指按预先确定的多度等级来估计单位面积上的个体数。

5.密度

密度是单位面积上某植物种的个体数目，通常用计数方法测定。种群密度从某种程度上决定着种群的能流、种群内部生理压力的大小、种群的散布、种群的生产力及资源的可利用性。密度的测定只限于一定面积才能计算，因此密度通常用样方测定。这种测定与取样单位的大小无关，可以说是绝对的。但是密度是平均数，由于分布格局的差异，不同样方内的数字可能有很大的差异，所以样方大小和数目会影响调查结果。所以，要合理确定样方面积和数量。

6.盖度

植物盖度是指植物地上部分的垂直投影面积占样地面积的百分比。盖度是群落结构的一个重要指标，它不仅可以反映植物所有的水平空间的大小，还可以反映植物之间的相互关系，在一定程度上还是植物利用环境及影响环境程度的反映。盖度一般分为投影盖度和基盖度，投影盖度是植物枝叶所覆盖的土地面积，是通常所指的盖度概念，基盖度是指植物基部的盖度面积。投影盖度又可以分为种盖度（分盖度）、种组盖度（层盖度）和群落盖度（总盖度）。盖度通常用百分数表示，也可用等级来表示，主要有目测法、样线法和照相法三种测定方法。

7.高度

植株高度指从地面到植物茎叶最高处的垂直高度。它是反映某种植物的生活型、生长情况以及竞争和适应能力的重要指标，也是反映植物地上生物产量的重要参数。高度可以实测也可以目测，一般乔木用目测，灌木和草本用实测。

群落高度是指从地面到植物群落最高点的高度，它是反映植物群体高度的重要参数。对于多层次群落，在测量群落高度时要分层测定各层高度。测量时应多点测量，求平均值。

8.生活型

植物生活型是植物对于综合生境条件长期适应而在外貌上反映出来的植物类型，其通常根据更新芽距离地面的位置确定，可以简单地划分为乔木、灌木、半灌木、木质藤本、多年生草本、一年生草本、垫状植物等。

9.生物量

森林乔木层生物量的测定普遍采用维度分析法，即通过测定植物的高度（或高度和胸径），利用事先建立的植物各部位（地上部分包括树干、枝条、叶片、花果、树皮；地下部分包括细根和粗根）干重与植物高度直接的相关模型，计算每个植株各部位的干重。将各部位的干重相加得到整株植物的干重，把所有植株的干重相加，便得到整个样地乔木层植物的干重。

灌木层生物量的测定方法与乔木层基本一致。灌木一般只测定基部直径，而非胸径。

草本层生物量采用收割法测定。设置10个2 m×2 m的样方，将样方中的植物地上部分按种剪下，称鲜重和干重，挖出地下部分，冲洗烘干称重。

10.叶面积指数

叶面积指数是指一定投影面积上所有植物叶面积之和与投影面积的比值。它是反映植物群落生产力的重要参数。森林生态系统的叶面积指数测定一般采用冠层分析仪法或称重法。

（四）鸟类调查

1.调查时间和频度

一年中在鸟类活动高峰期内选择数月进行观察，在每个观察月份中，确定数天进行连续观察，观察时段在鸟类活动的高峰期。

2.调查方法

常用的方法有：样带法、样点法、样方法。观测工具包括标记木桩、带铃声自计步器、望远镜和记录表等。

（1）样带法（路线统计法）。根据监测区域的面积大小以及森林或生境的代表性，确定样带长度和宽度，进行鸟类种类和数量的观察。如果行进路线为直线，限定统计线路左右两侧一定宽度（25 m 或 50 m），以一定速度（如 2 km/h）行进，记录所观察到的鸟的种类和数量，则可以求出单位面积上预见的鸟的数量，是一个相对多度指标。通常，肉眼或合适倍数的望远镜观察，有条件的地方或者必要的情形下可用数码摄像机拍摄观察。采用样带法应注意以下两点：调查者的行进速度要一定，行进过程不间断，否则间断时间要扣除；统计时要避免重复统计，调查时由后向前飞的鸟不予统计，而由前向后飞的鸟要统计在内。

（2）样点法（样点统计法）。根据地貌地形、海拔高度、植被类型等划分不同的生境类型。在每种生境或植被类型内选择若干统计点，在鸟类的活动高峰期，逐点对鸟以相同时间频度（一般 5~20 min）进行统计。也可以点为中心划出一定大小的样方（250 m×250 m），进行相同时间的统计。样点应随机选择，样点的距离要大于鸟鸣距离。

简化的样点统计法即"线—点"统计法。这种方法一般先选定一条统计路线，隔一定距离，如 200 m，标出一统计样点，在鸟类活动高峰期逐点停留，记录鸟的种类和数量，但在行进路线上不做统计。这种方法只统计鸟的相对多度，可以了解鸟类群落中各种鸟的相对多度及同一种鸟的种群季节变化。

（3）样方法。适合于鸟类成对或群居生活的繁殖季节，统计鸟的种群或群落。在观察区域内，每个垂直带设置 3~5 个一定面积大小（如 100 m×100 m）的样方，用木桩或 PVC 管做标记。之后，对样方内的鸟或鸟巢全部计数，并定期（隔天或隔周）进行复查。如果样方内植被稠密、能见度差，可以将样方分段进行统计。采用样方法应注意以下两点：为便于核查和下次复查，对样方的调查线路、范围作用做标记，并按比例绘制反映植被、生境、鸟巢分布位置等的草图；记录其他说明资料，如周边建筑物、道路、河流、土地利用变化、自然灾害以及人为干扰等。

（五）大型野生动物调查

1.调查地点
大型兽、中型兽的调查均采用样线调查法，在所围样方的对角线上进行。

2.调查工具
路线图、GPS、望远镜、木板夹、计步器、油性记号笔。

3.调查内容与方法
（1）大型兽种类调查。根据不同兽类的活动习性，分别在黄昏、中午、傍晚沿样线以一定速度前进，控制在每小时 2～3 km，统计和记录所遇到的动物、尸体、毛发及粪便，记录其数量及与样线的距离，连续调查3天，整理分析后得到种类名录。

（2）小型兽种类调查。每日傍晚沿每一样线放置木板夹50个，间隔为5 m，于次日检查捕获情况。对捕获动物进行登记，同一样线连捕 2～3 天。根据调查和研究需要，不同森林生态系统类型的样地面积大小设置有所不同。热带森林样方通常面积为 40 m×40 m，亚热带森林样方面积为 30 m×40 m，温带森林样方面积为 20 m×30 m。样线的确定是配合样方进行的。在样方确定后，从样方的中心点向一组对角线的方向延伸约 1 km 的长度。

注意事项：首先对大型兽类和鸟类进行调查，原因是其比较容易受其他调查的影响；其次对森林昆虫和小型兽类进行调查；调查完毕后应将布置在样方及其对角线延伸线上的所有夹板全部取回，以免发生意外；避免重复计数。

（六）昆虫调查

1. 调查地点

森林昆虫种类的调查是在样方中所确定的样线上进行的。

2. 调查工具

黑光灯、昆虫网、采集伞、白布单、陷阱桶、毒瓶、三角纸袋、油性记号笔等。

3. 调查方法

根据昆虫的不同习性，采取不同的调查方法。

（1）观察和搜索法。沿样线观察乔木活立木、倒木、枯死木以及灌木，树皮裂缝和粗糙皮下、树干内，捕捉各种昆虫的成虫、幼虫、蛹、卵等。

（2）网捕法。利用捕虫网捕捉会飞善跳的昆虫。

（3）震落法。利用有些昆虫具有假死性的特点，突然猛击其寄主植物，使其落入网中。

（4）诱捕法。利用昆虫的各种趋性捕捉昆虫，又可分为灯光诱捕、食物诱捕等，可沿样线每隔一段距离放置不同的诱捕器具进行诱捕。沿着样线每隔100 m 布放 1 个陷阱桶，共 10 个陷阱桶。

（5）陷阱法。可捕捉蟋、步甲等，可沿样线放置 10 个陷阱桶，每天统计捕获到的地上活动的昆虫及无脊椎动物。

二、草地生态系统野外监测与采样

（一）仪器与用具

样方框（1 m×1 m）、钢卷尺、剪刀、电子天平、布袋或者纸袋、毛刷、天平、铅笔、记录表、油性记号笔等。

（二）样地背景与生境描述

对选定的草地生态系统样地做总体描述，内容包括植被类型、植物群落名称、群落主要层片的高度、地理位置（包括经度、纬度、海拔高度等）、地形地貌（包括坡向、坡位、坡度）、水分状况、利用方式（放牧、打草、无干扰）、利用强度、人类活动、动物活动、演替特征、土壤类型等，均可以通过直接观察确定，只需要定性描述即可。

（三）植物群落调查

1.调查内容与方法

草本层记录种名（中文名和拉丁名），分种调查株数、高度和生活型。记录调查时所处的物候期，按样方统计种数、优势种、多度。

2.植物种的鉴定

在进行观察和研究时，必须准确鉴定并详细记录群落中所有植物种的中文名、拉丁名以及所有属的生活型。对不能当场鉴定的，一定要采集带有花或果的标本（或做好标记），以备在花果期鉴定。

3.生物量

地上生物量采用样方收获法测定。将样方内的植物齐地面剪下，装入袋中并编号，带回实验室分别称其鲜重和干重。

4.叶面积指数

草地生态系统叶面积指数的测定一般采用方便准确的叶面积仪法，另外还有干重法和长宽系数法，相对简便实用。

（四）鸟类调查

一年中在鸟类活动高峰期内选择数月进行观察，在每个观察月份中，确定数天进行连续观察，观察时段在鸟类活动的高峰期，记录所观察到的鸟的种类和数量，则可以求出单位面积上预见的鸟的数量，是一个相对多度指标。

（五）大型野生动物调查

（1）大型兽种类调查。根据不同兽类的活动习性，分别在黄昏、中午、傍晚沿样线以一定速度前进，控制在每小时 2~3 km，统计和记录所遇到的动物、尸体、毛发及粪便，记录其与样线的距离及数量，连续调查 3 天，整理分析后得到种类名录。

（2）小型兽种类调查。每日傍晚沿每一样线布设木板夹 50 个，间隔为 5 m，于次日检查捕获情况。对捕获动物进行登记，同一样线连捕 2~3 天。

（六）昆虫调查

调查地点：昆虫种类的调查是在样方中所确定的样线上进行。

调查工具：黑光灯、昆虫网、采集伞、白布单、陷阱桶、毒瓶、三角纸袋、油性记号笔等。

调查方法：根据昆虫的不同习性，采用不同的调查方法。参见森林生态系统野外监测与采样。

三、荒漠生态系统野外监测与采样

（一）仪器与用具

样方框（1m×1 m）、钢卷尺、测绳、皮尺、剪刀、电子天平、布袋或者纸袋、毛刷、铅笔、记录表、油性记号笔等。

（二）样地背景与生境描述

对选定的荒漠生态系统样地做总体描述，内容包括植被类型、植物群落名称、群落主要层片的高度、地理位置（包括经度、纬度、海拔高度等）、地形地貌（包括坡向、坡位、坡度）、水分状况、人类活动、动物活动、演替特征、土壤类型等，均可以通过直接观察确定，只需要定性描述即可。

（三）植物群落调查

1.调查内容与方法

草本层记录种名（中文名和拉丁名），分种调查株数、高度和生活型。记录调查时所处的物候期，按样方统计种数、优势种、多度。

2.植物种的鉴定

在进行观察和研究时，必须准确鉴定并详细记录群落中所有植物种的中文名、拉丁名以及所有属的生活型。对不能当场鉴定的，一定要采集带有花或果的标本（或做好标记），以备在花果期鉴定。

3.生物量

荒漠灌木一般种类较少，且生长低矮、分布密度较小，测定其生物量时可先统计样方内每种灌木的丛数，按照大小等级分为若干组，测定每个大小等级标准单丛的生物量，乘以丛数即可计算出样方内各种类灌木的生物量。

草本植物生物量的测定参照草地生态系统野外监测与采样。

4.土壤有效种子库

在群落内随机设置 20 cm×20 cm 的小样方 5～10 个，持刀沿框四边切入土壤，每 4 cm 为一层，分 5 层取样。采用过筛法和发芽试验法从土壤中分离种子，分类计数进而计算单位面积土壤种子库种子数量。

四、湿地生态系统野外监测与采样

（一）仪器与用具

样方框（1m×1m）、钢卷尺、剪刀、电子天平、布袋或纸袋、调查表、油性记号笔等。

（二）水生动植物调查

1. 浮游植物种类组成与现存量

在获得的浓缩样品中取部分子样品，并通过显微镜计数获得其中浮游植物数量，然后乘以相应的倍数，得到单位体积中浮游植物数量（丰度）。再根据生物体近似几何图形测量长、宽、厚，并通过求积公式计算出生物体积，假定其密度为1则获得生物量。

2. 大型水生植物种类组成与现存量

在水体中选取垂直于等深线的断面，在断面上设样点，作为小样本，用带网铁镁进行定量采集，共选取若干断面，由样本结果推断总体。

3. 浮游动物种类组成与现存量

在淡水水域中浮游动物主要由原生动物、轮虫、枝角类和桡足类四大类水生无脊椎动物组成，其监测方法与浮游植物监测方法基本相同。

4. 底栖动物种类组成与现存量

在水体中选择有代表性的点位，用采泥器进行采集作为小样本，由若干小样本连成的若干断面为大样本，然后由大样本推断总体。底栖动物采样点要尽可能与水的理化分析采样点一致以便于数据的分析比较。

5. 鱼类

鱼类样品的采集一般采用捕捞和收集渔民的渔获物相结合的方法。按照鱼类分类学方法鉴定样品种类。

（三）陆生动植物调查

野生动物调查时间应选择在动物活动较为频繁、易于观察的时间段内。水鸟数量调查分繁殖季和越冬季，繁殖季一般为每年的5～6月，越冬季为12月～翌年2月。各地应根据本地的物候特点确定最佳调查时间，其原则是：调查时间应选择调查区域内的水鸟种类和数量均保持相对稳定的时期；调查应在较短时间内完成，一般同一天内数据可以认为没有重复计算，面积较大区域可以采用分组方法在同一时间范围内开展调查，以减少重复记录。两栖和爬行类调查季节为夏季和秋季入蛰前。

湿地野生动物野外调查方法分为常规调查和专项调查。常规调查是指适合于大部分调查种类的直接技术法、样方调查法、样带调查法和样线调查法，对于分布区域狭窄而集中、习性特殊、数量稀少，难于用常规调查方法调查的种类，应进行专项调查。

1.水鸟调查

水鸟调查采用直接计数法和样方法，在同一个区域中同步调查。

直接计数法：调查时以步行为主，在比较开阔、生境均匀的大范围区域，可借助汽车、船只进行调查，有条件的地方还可以开展航调。

样方法：通过随机取样来估计水鸟种群的数量。在群体繁殖密度很高的或难以进行直接计数的地区可采用此方法。样方大小一般不小于$50\ m \times 50\ m$，同一调查区域样方数量应不低于8个，调查强度不低于1%。

2.两栖、爬行动物调查

两栖、爬行动物以种类调查为主，可采用野外踏查、走访和利用近期的野生动物调查资料相结合的方法，记录到种或亚种。依据看到的动物实体或痕迹进行估测，在调查现场换算成个体数量。野外调查可采用样方法。样方尽可能设置为正方形、圆形或矩形等规则几何图形，样方面积不小于 100 m×100 m。

3.兽类调查

以种类调查为主，可采用野外踏查、走访和利用近期的野生动物调查资料相结合的方法，记录到种或亚种。依据看到的动物实体或痕迹进行估测，在调查现场换算成个体数量。宜采用样带调查法和样方法，样带长度不小于 2 000 m，单侧宽度不低于 100 m；样方大小一般不小于 50 m×50 m。

4.样地植物群落调查

调查对象主要包括四大类型，分别为被子植物、裸子植物、蕨类植物和苔藓植物。

乔木植物：样方面积为 400 m^2（20 m×20 m）。

灌木植物：平均高度≥3 m 的样方面积为 16 m^2，平均高度在 1～3 m 之间的样方面积为 4 m^2，平均高度＜1 m 的样方面积为 1 m^2。

草本植物：平均高度≥2 m 的样方面积为 4 m^2，平均高度在 1～2 m 之间的样方面积为 1 m^2，平均高度＜1 m 的样方面积为 0.25 m^2。

苔藓植物：样方面积为 0.25 m^2 或者 0.04 m^2。

第四节　生物要素监测的质量保证与质量控制

生物要素监测中，质量控制是一个连续的过程，应当包括程序的所有方面，从采样点位设置与管理、野外样品采集及保存到生境评价、实验室处理及数据记录，野外确认应当在选择的点位完成，包括从原始采样点位邻近的点位采集重复样品。邻近点位的生境及胁迫因子应当与原始点位相似。采样QC数据应当在第一年采样之后进行评估，以便确定合格的可变性水平以及适当的重复频率。

一、监测点位的布设

在生态环境监测中，监测点位的布设应遵循尺度范围原则、信息量原则和经济性、代表性、可控性及不断优化的原则。在空间尺度上，应能覆盖研究对象的范围，不遗漏关键点位，能反映所在区域生态环境的特性；在时间尺度上，应能满足研究工作的需要，符合生态环境的变化规律；尽可能以最少的点位/断面获取有足够代表性的环境信息；还应考虑实际采样时的可行性和方便性。具体措施如下：

（1）生物监测采样点的布设应尽量与环境要素采样点位/断面一致。

（2）有历史数据的监测点位还应设点以与历史数据相比较。

（3）在研究对象的周边相似区域设置对照点。

（4）监测点位或监测带的监测项目应视工作需要设置，尽可能包括更多的生物要素，以对监测对象生态环境有更全面的了解。

（5）采样点位一经确定，不得随意改动。应建立采样点管理档案，内容包括采样点性质、名称、位置、编号、历史监测项目等。

二、样品的采集与保存

生物样品的野外采集必须由合格的、经过培训的采样人员完成，并有专业分类学者随行。采样人员必须按照规范的采样方法采集样品，及时添加样品保护剂，分类保存；分类学者必须熟悉生物监测要素的样品特性，能对需要特别保存的生物标本进行处理，此外还需熟悉地方性和区域性种类区系。

采样时应填写完整的采样记录，记录应包括以下内容：采样点名称、位置、编号、点位性质、采样时间、天气情况、采样人、采样点环境状况、采样方法、采集要素、采样工具型号及规格、采样量、现场监测内容、必要的标本保存记录和照片等。

为防止采样过程及采样记录出现问题，应有以下措施：

（1）每次野外工作，要求至少有 2 位合格的、经过培训的采样人员，至少有 1 位有经验或经过培训的分类学者参与。

（2）选择保存的标本，那些不易在野外鉴定的标本应保存并带回实验室，由另一位合格的分类学者进行实验室核查或检查。标本应按正确的方法固定、标记。如有必要，样品固定后开始填写保管链报表，必须包含与样品瓶标签相同的信息。

（3）必须保证所有野外设备处于良好的运行状态，制订常规检查、维护及校准的计划，以确保野外数据的一致性和质量。野外数据必须完整、清晰，应当录入标准的野外数据表。

（4）野外作业时，野外监测团队应当携带足够所有预期采样点位使用的标准数据表和保管链表格复印件，以及所有适用的标准操作规程。

（5）野外样品必须采集一定数量的平行样品。

（6）需带回实验室分析的样品必须妥善保管，确保样品不丢失、不破损，也不在运输途中受到污染，迅速、准确、无误地将样品与采样记录一并带回实验室，需进行活体观察的样品需尽快监测，如需保存应保证样品存活。

（7）样品移交实验室时，交接双方应一一核对样品，并在样品流转记录表上签字。

三、实验室分析质控程序

在取得了有代表性的样品后，样品分析数据的准确性与精密性取决于实验室的分析工作。首先必须采用准确可靠的分析方法，实验室内部与实验室间应采用统一的分析方法，以减少因不同分析方法带来的数据可比性的损失。

对生物监测实验室分析仪器、分析人员、试剂、水、分析环境的基本要求参考实验室资质认定方法和实验室质量保证与质量控制方法。对湿地生态系统进行生物监测，实验室分析的质量保证和质量控制有以下特殊要求：

（1）样品分析应由具备相应监测资质的实验人员进行，并抽取一定比例样品由另外的监测人员比对分析结果。

（2）每个计数样品需分析两次，两次计数结果相对偏差应小于 15%，否则应进行第三次计数。

（3）优势种或地区新记录种应尽量鉴定至最低分类阶元，保存标本，并拍摄照片保存。

（4）无法识别的标本、新种及地区新记录种应请相关专家协助鉴定并保留代表性凭证标本。

（5）野外鉴定的每个物种，都应当用另一个标本瓶保留子样品。凭证标本必须按照正确方法固定、标记，并保存于实验室，留待以后参考。

（6）凭证标本应当由另一位具备相应监测资质的实验人员进行核查。将"已查验"的字样和查验鉴定结果的分类学者的姓名，添加在每个凭证标本的标签上。实验室送至分类学专家处的标本，应当记录在分类查验记录本上，注明标签信息和送出日期。标本返回时，接收日期及查验结果以及查验人员的姓名，也应记录在记录本上。

（7）完成处理的样品可以在样品登记记录本上跟踪信息，以便跟踪每个样品的进展情况。每完成一步，及时更新样品登记日志。

（8）分类学文献资料库、图谱库、样品标本库是辅助标本鉴定的必备材料，应当保存在实验室。

四、数据处理及记录

生物要素分析结果的数据统计处理要求参考实验室资质认定方法和实验室质量保证与质量控制方法。另外，对数据统计及处理的质量保证和质量控制有以下特殊要求：

（1）生物监测中涉及的相关指数计算方法应一致。

（2）指数计算过程中参考的相关资料应适用于当地生态系统状况，并与历史数据及实验室间有可比性。

第四章 水环境监测与保护

第一节 水环境监测概述

一、水环境监测的重要性

水是人类赖以生存的资源。人口数量的不断增加，各行各业的快速发展，使得人类对于水资源的需求量越来越大。但是，当前水资源面临着严重的短缺、污染问题，尤其是在近年来化工业、建筑业、农业快速发展的背景下，大量废水、污水的肆意排放对水环境造成了严重的污染，对人类用水安全造成了极大的威胁。在此情形下，对水环境进行有效的监测，能够为后期的水污染防治工作的开展提供重要的帮助。水环境监测能够实现对水体多项指标的监测，如溶解氧、化学需氧量、无机氮、有机氮含量等。通过分析各项监测数据和指标，可以明确水体污染程度，并制定切实可行、科学有效的水污染防治对策，进而逐渐恢复水环境，减轻水污染，满足人类用水质量需求。

二、水环境监测的内容

水环境监测主要包括两个方面的内容。一是地表水监测。在地表水监测过程中，要做好对水源常规水因子的调查工作，并结合调查结果分析水质状况，明确水源被污染程度。要重视对水源污染因子的调查工作，进而明确水源污染原因、污染成分、含量和污染范围。在调查过程当中，为保证调查结果的准确性，应选择在天气晴朗、水流较小的环境下调查取样，同时要在多个时间段取样调查，以便更好地保证地表水取样的有效性、代表性及监测结果的准确性。二是地下水监测。近年来，社会快速发展，对于地下水的需求量越来越大，因此要重视地下水监测工作，全面掌握地下水质量状况。目前，地下水监测大多是通过抽检的方式完成的，通过采样并展开分析，最终明确地下水的硫酸盐、氟化物、铁等成分的含量，使得当地水文特点更加明确。

三、水环境监测的质量控制方法

为获得精准的水环境监测数据、结果，要认真做好水环境监测质量控制工作。具体来说，应从以下两个方面入手：

首先，在水环境监测前，需要准备好相应的监测仪器设备，做好对仪器设备的检修维护工作，保证其能正常使用，避免监测工作出现误差。在采集、运输、制备、测试水质样品时，要严格按照相应的规范、标准、流程进行，便于所采集的样品具备较高的代表性。要严格按照规定存放水样，如冷藏处理、保温处理等，保证水样稳定。

其次，在监测试验过程中，要严把质量关，试验人员应具备较高的专业水平，正确操作仪器设备，确保试验操作规范，包括样品布点、收集、运输、保存，标准液配制标定，天平、玻璃量器校准，试剂检验，等等，避免出现差错，以获得准确有效的监测试验数据。要严格控制试验环境，包括温度、湿度等，均要符合试验标准要求，试验人员要做到持证上岗，制定规范的试验流程、顺序，规范操作使用试验仪器设备，避免出现违规操作、错误操作等现象，避免对试验数据造成影响，提升水环境监测试验质量，获得准确、有效、有价值的试验数据，为接下来的水污染治理工作的开展提供重要的参考依据。

第二节　水质监测方案的制订

监测方案是一项监测任务的总体构思和设计，监测方案的制订需要考虑和明确以下内容：监测目的，监测对象，监测项目，监测断面的种类、位置和数量，采样时间和采样频率，采样方法和分析测定技术，水样的保存、运输和管理方法，监测报告要求，质量保证程序、措施和方案，等等。

不同水体的监测方案稍有差别，以下分别对其进行介绍。

一、地表水监测方案的制订

（一）基础资料的调查和收集

在制订监测方案之前，应尽可能完备地收集欲监测水体及所在区域的有关资料，主要有以下几方面：

（1）水体的水文、气候、地质和地貌资料。如水位、水量、流速及流向的变化，降雨量、蒸发量及历史上的水情，河流的宽度、深度、河床结构及地质状况，湖泊沉积物的特性、间温层分布、等深线，等等。

（2）水体沿岸城市分布、工业布局、污染源及其排污情况、城市给排水情况等。

（3）水体沿岸的资源现状和水资源的用途、饮用水源分布和重点水源保护区、水体流域土地功能及近期使用计划等。

（4）历年的水质监测资料等。

（二）监测断面和采样点的设置

监测断面即采样断面，一般分为四种类型，即对照断面、控制断面、削减断面和背景断面。对于地表水的监测来说，并非所有的水体都必须设置四种断面。国家标准《采样方案设计技术规定》（HJ 495—2009）中规定了水（包括底部沉积物和污泥）的质量控制、质量表征、污染物鉴别及采样方案的原则，强调了采样方案的设计。

采样点应在调查研究、收集有关资料、进行理论计算的基础上，根据监测目的和项目以及考虑人力、物力等因素来确定。

1.河流监测断面和采样点设置

对于江、河水系或某一个河段，水系的两岸必定遍布很多城市和工厂企业，由此排放的城市生活污水和工业污水成为该水系受纳污染物的主要来源，因此要求设置四种断面，即对照断面、控制断面、削减断面和背景断面。

（1）对照断面。具有判断水体污染程度的参比和对照作用或提供本底值的断面。它是为了解流入监测河段前的水体水质状况而设置的，这种断面应设在河流进入城市或工业区以前的地方。设置这种断面必须避开各种污水的排污口或回流处，常设在所有污染源上游处，如排污口上游 100~500 m 处，一般一个河段只设一个对照断面（有主要支流时可酌情增加）。

（2）控制断面。指为及时掌握受污染水体的现状和变化动态，进而进行污染控制而设置的断面。这类断面应设在排污区下游，较大支流汇入前的河口处；湖泊或水库的出入河口及重要河流入海口处；国际河流出入国境交界处及有特殊要求的其他河段（如邻近城市饮水水源地、水产资源丰富区、自然保护区、与水源有关的地方病发病区等）。控制断面一般设在河水基本混合处，如排污口下游 500～1 000 m 处。断面数目应根据城市工业布局和排污口分布情况而定。

（3）削减断面。指设置在控制断面下游主要污染物浓度显著下降至稳定值处的断面。这种断面常设在城市或工业区最后一个排污口下游 1 500 m 以外的河段上。

（4）背景断面。当对一个完整水体进行污染监测或评价时，需要设置背景断面。对于一条河流的局部河段来说，通常只设对照断面而不设背景断面。背景断面一般设置在河流上游不受污染的河段处或接近河流源头处，尽可能远离工业区、城市居民密集区和主要交通线以及农药和化肥施用区。通过对背景断面的水质监测，可获得该河流水质的背景值。

在设置监测断面后，应先根据水面宽度确定断面上的采样垂线，然后根据采样垂线的深度确定采样点数目和位置。一般是当河面水宽小于 50 m 时，设一条中泓垂线；当河面水宽为 50～100 m 时，在左右近岸有明显水流处各设一条垂线；当河面水宽为 100～1 000 m 时，设左、中、右三条垂线；当河面水宽大于 1 500 m 时，至少设 5 条等距离垂线。每一条垂线上，当水深小于或等于 5 m 时只在水面下 0.3～0.5 m 处设一个采样点；当水深为 5～10 m 时，在水面下 0.3～0.5 m 处和河底以上约 0.5 m 处各设一个采样点；当水深为 10～50 m 时，要设三个采样点，水面下 0.3～0.5 m 处一点，河底以上约 0.5 m 处一点，1/2 水深处一点；水深超过 50 m 时，应酌情增加采样点个数。

监测断面和采样点位置确定后，应立即设立标志物。每次采样时以标志物为准，在同一位置上采样，以保证样品的代表性。

2.湖泊、水库中监测断面和采样点的设置

湖泊、水库中监测断面设置前，应先判断湖泊、水库是单一水体还是复杂水体，考虑汇入湖、库的河流数量、水体径流量、季节变化及动态变化、沿岸污染源分布等，然后按以下原则设置监测断面：

（1）在进出湖、库的河流汇合处设监测断面。

（2）以功能区为中心（如城市和工厂的排污口、饮用水源、风景游览区、排灌站等），在其辐射线上设置弧形监测断面。

（3）在湖库中心，深、浅水区，滞流区，不同鱼类的洄游产卵区，水生生物经济区等设置监测断面。

湖、库采样点的位置与河流相同。但由于湖、库深度不同，会形成不同水温层，此时应先测量不同深度的水温、溶解氧等，确定水层情况后，再确定垂线上采样点的位置。位置确定后，同样需要设立标志物，以保证每次采样在同一位置上。

（三）采样时间和频率的确定

为使采取的水样具有代表性，能反映水质在时间和空间上的变化规律，必须确定合理的采样时间和采样频率。一般原则如下：

对较大水系干流和中、小河流，全年采样不少于6次，采样时间分为丰水期、枯水期和平水期，每期采样2次；流经城市、工矿企业、旅游区等的水源每年采样不少于12次；底泥在枯水期采样1次；背景断面每年采样1次。

二、地下水监测方案的制订

地球表面的淡水大部分是贮存在地面之下的地下水，所以地下水是极宝贵的淡水资源。地下水的主要水源是大气降水，降水转成径流后，其中一部分通过土壤和岩石的间隙渗入地下形成地下水。严格地说，由重力形成的存在于地表之下饱和层的水体才是地下水。目前大多数地下水尚未受到严重污染，但一旦受污，又非常难以通过自然过程或人为手段予以消除。可供现成利用的地下水有井水、泉水等。

（一）基础资料的调查和收集

（1）收集、汇总监测区域的水文、地质、气象等方面的有关资料和以往的监测资料。例如，地质图、剖面图、测绘图，水井的成套参数，含水层、地下水补给、径流和流向，以及温度、湿度、降水量，等等。

（2）调查监测区域内城市发展、工业分布、资源开发和土地利用情况，尤其是地下工程规模、应用等；了解化肥和农药的施用面积和施用量；查清污水灌溉、排污、纳污和地表水污染现状。

（3）测量或查知水位、水深，以确定采水器和泵的类型、所需费用和采样程序。

（4）在完成以上调查的基础上，确定主要污染源和污染物，并根据地区特点与地下水的主要类型把地下水分成若干个水文地质单元。

（二）采样点的设置

（1）地下水背景值采样点的确定。采样点应设在污染区外，如需查明污染状况，可贯穿含水层的整个饱和层，在垂直于地下水流方向的上方设置。

（2）受污染地下水采样点的确定。对于作为应用水源的地下水，现有水井常被用作日常监测水质的现成采样点。当地下水受到污染，需要研究其受污情况时，则常需设置新的采样点。例如，在与河道相邻近地区新建了一个占地面积不太大的垃圾场的情况下，为了监测垃圾中污染物随径流渗入地下并被地下水挟带转入河流的状况，应设置地下水监测井。如果含水层渗透性较大，污染物会在此水区形成一个条状的污染带，那么监测井应设置在污染带内。

一般地下水采样时应在液面下 0.3~0.5 m 处采样，若有间温层，则可按具体情况分层采样。

（三）采样时间和频率的确定

采样时间与频率一般是：每年应在丰水期和枯水期分别采样检验一次，10 天后再采检一次，可作为监测数据报出。

三、水污染源监测方案的制订

水污染源包括工业废水源、生活污水源、医院污水源等。在制订监测方案时，首先要进行调查研究，收集有关资料，查清用水情况、污水的类型、主要污染物及排污去向和排放量等。

（一）基础资料的调查和收集

1. 调查污水的类型

工业废水、生活污水、医院污水的性质和组成十分复杂，它们是造成水体污染的主要原因。根据监测的任务，首先需要了解污水类型。工业废水、生活污水、医院污水等所生成的污染物具有较大的差别。相对而言，工业废水往往是我们监测的重点，这是由于工业用水不仅在数量上比较多，在污染物的浓度上也比较高。

工业废水可分为物理污染污水、化学污染污水、生物及生物化学污染污水，以及混合污染污水。

2. 调查污水的排放量

对于工业废水，可通过对生产工艺的调查，计算出排放水量并确定需要监测的项目；对于生活污水和医院污水，则可在排水口安装流量计或自动监测装置，进行排放量的计算和统计。

3.调查污水的排污去向

调查内容有：①车间、工厂、医院或地区的排污口数量和位置；②直接排入还是通过渠道排入江、河、湖、库、海中，是否有排放渗坑。

（二）采样点的设置

1.工业废水源采样点的确定

含汞、镉、总铬、砷、铅、苯并芘等第一类污染物的污水，不分行业或排放方式，一律在车间或车间处理设施的排出口设置采样点。

含酸、碱、悬浮物、硫化物、氟化物等第二类污染物的污水，应在排污单位的污水出口处设采样点。

有处理设施的工厂，应在处理设施的排放口设点。为对比处理效果，在处理设施的进水口也可设采样点，进行采样分析。

在排污渠道上，选择道直、水流稳定、上游无污水流入的地点设点采样。

在排水管道或渠道中流动的污水，因为管道壁的滞留作用，同一断面的不同部位流速和浓度都有变化，所以可在水面下 1/4～1/2 处采样，作为代表平均浓度水样采集。

2.综合排污口和排污渠道采样点的确定

在一个城市的主要排污口或总排污口设点采样。

在污水处理厂的污水进出口处设点采样。

在污水泵站的进水和安全溢流口处布点采样。

在市政排污管线的入水处布点采样。

（三）采样时间和频率的确定

工业废水的污染物含量和排放量常随工艺条件及开工率的不同而有很大差异，故采样时间、周期和频率的选择是一个比较复杂的问题。

一般情况下，可在一个生产周期内每隔 0.5 h 或 1 h 采样 1 次，将其混合后测定污染物浓度的平均值。如果取几个生产周期（如 3～5 个周期）的污水样监测，可每隔 2 h 取样 1 次。对于排污情况复杂、浓度变化大的污水，采样时间间隔要缩短，有时需要 5～10 min 采样 1 次，这种情况最好使用连续自动采样装置。对于水质和水量变化比较稳定或排放规律性较好的污水，待找出污染物浓度在生产周期内的变化规律后，采样频率可大大降低，如每月采样测定两次。

城市排污管道大多数受纳 10 个以上工厂排放的污水，由于在管道内污水已进行了混合，故在管道出水口，可每隔 1 h 采样 1 次，连续采集 8 h；也可连续采集 24 h，然后将其混合制成混合样，测定各污染组分的平均浓度。

我国《地表水和污水监测技术规范》（HJ/T 91—2002）中对向国家直接报送数据的污水排放源规定：工业废水每年采样监测 2～4 次；生活污水每年采样监测 2 次，春、夏季各 1 次；医院污水每年采样监测 4 次，每季度 1 次。

第三节 水样的采集、保存和预处理

采集具有代表性的水样是水质监测的关键环节。分析结果的准确性首先依赖于样品的采集和保存。为了得到具有真实代表性的水样，需要选择合理的采样位置、正确的采样时间和科学的采样技术。

一、水样的采集

采样前，要根据监测项目、监测内容和采样方法的具体要求，选择适宜的盛水容器和采样器，并清洗干净。采样器具的材质化学性质要稳定，大小、形状适宜，不吸附待测组分，容易清洗，瓶口易密封。同时要确定总采样量（分析用量和备份用量），并准备好交通工具。

（一）采样设备

表层水样可用桶、瓶等容器直接采集。目前我国已经生产出不同类型的水质监测采样器，如单层采水器、直立式采水器、深层采水器、连续自动定时采水器等，广泛用于废水和污水采样。

常用的简易采水器，是一个装在金属框内用绳吊起的玻璃瓶或塑料瓶，框底装有重锤，瓶口有塞，用绳系牢，绳上标有高度。采样时，将采样瓶降至预定深度，将细绳上提，打开瓶塞，水样即流入并充满采样瓶，然后用塞子塞住。

急流采水器适于采集地段流量大、水层深的水样。它将一根长钢管固定在铁框上，钢管是空心的，管内装橡皮管，管上部的橡皮管用铁夹夹紧，下部的橡皮管与瓶塞上的短玻璃管相接，橡皮塞上另有一长玻璃管直通至样瓶底部。采集水样前，需将采样瓶的橡皮塞子塞紧，然后沿船身垂直方向伸入特定水深处，打开铁夹，水样即沿长玻璃管流入样瓶中。此种采水器能隔绝空气采样，可供溶解氧测定。

此外还有各种深层采水器和自动采水器。

沉积物采样分表层沉积物采样和柱状沉积物采样。表层沉积物采样用各种掘式和抓式采样器，用手动绞车或电动绞车进行采样；柱状沉积物采样采用各种管状或筒状的采样器，利用采样器自身重力或通过人工锤击，将管子压入沉积物中直至所需深度，然后将管子提取上来，用通条将管中的柱状沉积物样品压出进行采样。

（二）盛样容器

采集和盛装水样或底质样品的容器要求材质化学稳定性好，保证水样各组分在贮存期内不与容器发生反应，能够抵御环境温度从高温到严寒的变化，抗震，大小、形状和重量适宜，能严密封口并容易打开，容易清洗并可反复使用。常用材料有高压聚乙烯塑料（P）、一般玻璃（G）和硬质玻璃或硼硅玻璃（BG）。不同监测项目水样容器应采用适当的材料。

水质监测，尤其是进行痕量组分测定时，常常因容器污染产生误差。为减少器壁溶出物对水样的污染和器壁吸附现象，须注意容器的洗涤方法。应先用水和洗涤剂洗净，用自来水冲洗后备用。常用洗涤法是用重铬酸钾-硫酸洗液浸泡，然后用自来水冲洗，并用蒸馏水荡洗；用于盛装重金属监测样品的容器，需用10%硝酸或盐酸浸泡数小时，再用自来水冲洗，最后用蒸馏水洗净。容器的洗涤还与监测对象有关，洗涤容器时要考虑到监测对象。如测硫酸盐和铬时，容器不能用重铬酸钾-硫酸洗液；测磷酸盐时不能用含磷洗涤剂；测汞时容器洗净后尚需用1+3硝酸浸泡数小时。

（三）采样方法

（1）在河流、湖泊、水库及海洋采样应有专用监测船或采样船，如无条件也可用手划或机动的小船。如果位置合适，可在桥或坎上采样。较浅的河流和近岸水浅的采样点可以涉水采样。采样容器口应迎着水流方向，采样后立即加盖塞紧，避免接触空气，并避光保存。深层水的采集，可用抽吸泵采样，利用船等行驶至特定采样点，将采水管沉降至规定的深度，用泵抽取水样即可。采集底层水样时，切勿搅动沉积层。

（2）采集自来水或从机井采样时，应先放水数分钟，使积留在水管中的杂质及陈旧水排除后再取样。采样器和塞子须用采集水样洗涤3次。对于自喷泉水，在涌水口处直接采样。

（3）从浅埋排水管、沟道中采集废（污）水，用采样容器直接采集。对埋层较深的排水管、沟道，可用深层采水器或固定在负重架内的采样容器，沉入检测井内采样。

（4）采用自动采水器可自动采集瞬时水样和混合水样。当废（污）水排放量和水质较稳定时，可采集瞬时水样；当排放量较稳定、水质不稳定时，可采集时间等比例水样；当二者都不稳定时，必须采集流量等比例水样。

（四）水样采集量和现场记录

水样采集量根据监测项目确定，不同的监测项目对水样的用量和保存条件有不同的要求，所以采样量必须按照各个监测项目的实际情况分别计算，再适当增加20%～30%。底质采样量通常为1～2 kg。

采样完成并加好保存剂后,要贴上样品标签或在水样说明书上做好详细记录,记录内容包括采样现场描述与现场测定项目两部分。采样现场描述的内容包括:样品名称、编号、采样断面、采样点、添加保存剂种类和数量、监测项目、采样者、登记者、采样日期和时间、气象参数(气温、气压、风向、风速、相对湿度)、流速、流量等。水样采集后,对有条件进行现场监测的项目进行现场监测和描述,如水温、色度、臭味、pH 值、电导率、溶解氧、透明度、氧化还原电位等,以防变化。

二、流量的测量

为了计算水体污染负荷是否超过环境容量、控制污染源排放量和评价污染控制效果等,需要了解相应水体的流量。因此,在采集水样的同时,还需要测量水体的水位(m)、流速(m/s)、流量(m^3/s)等水文参数。河流流量测量和工业废水、污水排放过程中的流量测量方法基本相同,主要有流速仪法、浮标法、容积法、溢流堰法等。对于较大的河流,水利部门通常都设有水文测量断面,应尽可能利用这些断面。若监测河段无水文测量断面,应选择水文参数比较稳定、流量有代表性的断面作为测量断面。

(一)流速仪法

使用流速仪可直接测量河流或废(污)水的流量。流速仪法通过测量河流或排污渠道的过水截面积,以流速仪测量水流速,从而计算水流量。流速仪法测量范围较宽,多数用于较宽的河流或渠道的流量测量。测量时需要根据河流或渠道深度和宽度确定垂直测点数和水平测点数。流速仪有多种规格,常用的有旋杯式和旋桨式两种,测量时将仪器放到规定的水深处,按照仪器说明书要求操作。

(二) 浮标法

浮标法是一种粗略测量小型河、渠中水流速的简易方法。测量时选取一平直河段，测量该河段 2 m 间距内起点、中点和终点 3 个过水横断面面积，求出其平均横断面面积。在上游河段投入浮标（如木棒、泡沫塑料、小塑料瓶等），测量浮标流经确定河段（L）所需要的时间，重复测量多次，求出所需时间的平均值（t），即可计算出流速（L/t），进而可按下式计算流量：

$$Q = K \times \bar{v} \times s \tag{4-1}$$

式中：Q——水流量，m^3/s；

$\bar{v}$——浮标平均流速，m/s，等于 L/t；

s——过水横断面面积，m^2；

K——浮标系数，与空气阻力、断面上流速分布的均匀性有关，一般需用流速仪对照标定，其范围为 0.84~0.90。

(三) 容积法

容积法是将污水接入已知容量的容器中，测定其充满容器所需时间，从而计算污水流量的方法。本法简单易行，测量精度较高，适用于污水量较小的连续或间歇排放的污水。但溢流口与受纳水体应有适当落差或能用导水管形成落差。

(四) 溢流堰法

溢流堰法适用于不规则的污水沟、污水渠中水流量的测量。该法用三角形或矩形、梯形堰板拦住水流，形成溢流堰，测量堰板前后水头和水位，计算流量。图 4-1 为用三角堰法测量流量的示意图，流量计算公式如下：

$$Q = Kh^{5/2} \qquad (4-2)$$

$$K = 1.354 + \frac{0.04}{h} + (0.14 + \frac{0.2}{\sqrt{D}})(\frac{h}{B} - 0.09)^2 \qquad (4-3)$$

式中：Q——水流量，m³/s；

h——过堰水头高度，m；

K——流量系数；

D——从水流底至堰缘的高度，m；

B——堰上游水流高度，m。

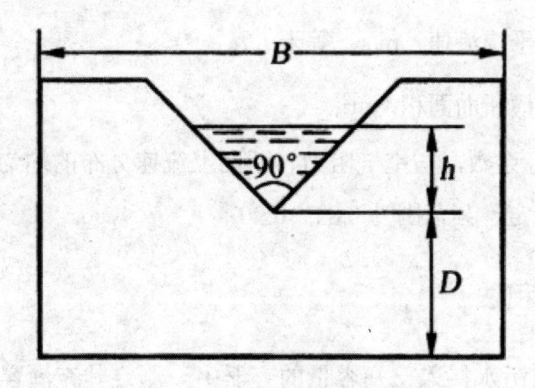

图 4-1 用三角堰法测量流量

三、水样的运输与保存

（一）样品的运输

水样采集后，应尽快送到实验室进行分析测定。通常情况下，水样运输时间不超过 24 h。在运输过程中应注意：装箱前应将水样容器内外盖盖紧，对盛水样的玻璃磨口瓶应用聚乙烯薄膜覆盖瓶口，并用细绳将瓶塞与瓶颈系紧；装箱时用泡沫塑料或波纹纸板垫底和间隔防震；需冷藏的样品，应采取制冷保存措施；冬季应采取保温措施，以免冻裂样品瓶。

（二）样品的保存

水样在存放过程中，可能会发生一系列理化性质的变化。由于生物的代谢活动，水样的 pH 值、生化需氧量、碱度、硬度、溶解氧、二氧化碳、磷酸盐、硫酸盐、硝酸盐和某些有机化合物的浓度会发生变化。由于化学作用，测定组分可能被氧化或还原。如六价铬在酸性条件下易被还原为三价铬，余氯可能被还原为氯化物，硫化物、亚硫酸盐、亚铁盐、碘化物和氰化物可能因氧化而损失。由于物理作用，测定组分会被吸附在容器壁上或悬浮颗粒物的表面上，如金属离子可能与玻璃器壁发生吸附和离子交换，溶解的气体可能损失或增加，某些有机化合物易挥发损失，等等。为了避免或减少水样的组分在存放过程中的变化和损失，部分项目要在现场测定。不能尽快分析时，应根据不同监测项目的要求，放在性能稳定的材料制成的容器中，采取适宜的保存措施。

为了减缓水样在存放过程中的生物作用、化合物的水解和氧化还原作用及挥发和吸附作用，需要对水样采取适宜的保存措施。包括：①选择适当材料的容器；②控制溶液的 pH 值；③加入化学试剂抑制氧化还原反应和生化反应；④冷藏或冷冻以降低细菌活性和化学反应速率。

四、水样的预处理

环境水样所含组分复杂，多数待测组分的浓度低，存在形态各异，且样品中存在大量干扰物质，因此在分析测定之前，需要进行样品的预处理，以得到待测组分适合分析方法要求的形态和浓度，并与干扰性物质最大限度地分离。水样的预处理主要指水样的消解、富集与分离。

（一）水样的消解

当对含有机物的水样中的无机元素进行测定时，需要对水样进行消解处理。消解处理的目的是破坏有机物、溶解颗粒物，并将各种价态的待测元素氧化成单一高价态或转变成易于分离的无机化合物。消解主要有湿式消解法和干灰化法两种。消解后的水样应清澈、透明、无沉淀。

1.湿式消解法

（1）硝酸消解法。对于较清洁的水样，可用此法。具体方法是：取混匀的水样 50~200 mL 于锥形瓶中，加入 5~10 mL 浓硝酸，在电热板上加热煮沸，缓慢蒸发至小体积，试液应清澈透明，呈浅色或无色，否则，应补加少许硝酸继续消解。蒸至近干时，取下锥形瓶，稍冷却后加 2% HNO_3（或 HCl）20 mL，温热溶解可溶盐。若有沉淀，应过滤，滤液冷却至室温后于 50 mL 容量瓶中定容，备用。

（2）硝酸-硫酸消解法。这两种酸都是强氧化性酸，其中硝酸沸点低（83 ℃），而浓硫酸沸点高（338 ℃），两者联合使用，可大大提高消解温度，增强消解效果，应用广泛。常用的硝酸与硫酸的比例为 5∶2。消解时，先将硝酸加入水样中，加热蒸发至小体积，稍冷，再加入硫酸、硝酸，继续加热蒸发至冒大量白烟，冷却后加适量水温热溶解可溶盐。若有沉淀，则应过滤，滤液冷却至室温后定容，备用。为保证消解效果，常加入少量过氧化氢。该法不适用于含易生成难溶硫酸盐组分（如铅、钡、锶等元素）的水样。

（3）硝酸-高氯酸消解法。这两种酸都是强氧化性酸，联合使用可消解含难氧化有机物的水样。方法要点是：取适量水样于锥形瓶中，加 5～10 mL 硝酸，在电热板上加热、消解至大部分有机物被分解。取下锥形瓶，稍冷却，再加 2～5 mL 高氯酸，继续加热至开始冒白烟，如试液呈深色再补加硝酸，继续加热至冒浓厚白烟将尽，取下锥形瓶，冷却后加 2% HNO_3，溶解可溶盐。若有沉淀，则应过滤，滤液冷却至室温后定容备用。因为高氯酸能与羟基化合物反应生成不稳定的高氯酸酯，有发生爆炸的危险，所以应先加入硝酸氧化水样中的羟基有机物，稍冷后再加高氯酸处理。

（4）硫酸-磷酸消解法。两种酸的沸点都比较高，其中，硫酸氧化性较强，磷酸能与一些金属离子如 Fe^{3+} 等络合，两者结合消解水样，有利于测定时消除 Fe^{3+} 等离子的干扰。

（5）硫酸-高锰酸钾消解法。该方法常用于消解测定汞的水样。高锰酸钾是强氧化剂，在中性、碱性、酸性条件下都可以氧化有机物，其氧化产物多为草酸根，但在酸性介质中还可继续氧化。消解要点是：取适量水样，加适量硫酸和 5%高锰酸钾溶液，混匀后加热煮沸，冷却，滴加盐酸羟胺破坏过量的高锰酸钾。

（6）多元消解法。为保证消解效果，在某些情况下需要通过多种酸的配合使用，特别是在要求测定大量元素的复杂介质体系中。例如处理测定总铬废水时，需要使用硫酸、磷酸和高锰酸钾消解体系。

（7）碱分解法。造成某些元素挥发或损失时，可采用碱分解法，即在水样中加入氢氧化钠和过氧化氢溶液，或者氨水和过氧化氢溶液，加热沸腾至近干，稍冷却后加入水或稀碱溶液温热溶解可溶盐。

(8)微波消解法。此方法主要利用微波加热的工作原理，对水样进行激烈搅拌、充分混合和加热，能够有效提高分解速度，缩短消解时间，提高消解效率。同时，此方法避免了待测元素的损失和可能造成的污染。

2.干灰化法

干灰化法又称高温分解法。具体方法是：取适量水样于白瓷或石英蒸发皿中，于水浴上先蒸干，固体样品可直接放入坩埚中，然后将蒸发皿或坩埚移入马弗炉内，于450~550℃灼烧至残渣呈灰白色，使有机物完全分解去除。取出蒸发皿，稍冷却后，用适量2% HNO_3（或HCl）溶解样品灰分，过滤后滤液经定容后供分析测定。本方法不适用于处理易挥发组分（如砷、汞、镉、硒、锡等）的水样。

（二）水样的富集与分离

水质监测中，待测物的含量往往极低，大多处于痕量水平，常低于分析方法的检出下限，并有大量共存物质存在，干扰因素多，所以在测定前须进行水样中待测组分的分离与富集，以排除分析过程中的干扰，增强测定的准确性和重现性。富集和分离过程往往是同时进行的，常用的方法有过滤、挥发、蒸发、蒸馏、溶剂萃取、沉淀、吸附、离子交换、冷冻浓缩、层析等，比较先进的技术有固相萃取、微波萃取、超临界流体萃取等，应根据具体情况选择使用。

1.挥发、蒸发和蒸馏

挥发、蒸发和蒸馏主要利用共存组分的挥发性不同（沸点的差异）进行分离。

(1)挥发。挥发是指利用某些污染组分挥发度大，或者将欲测组分转变成易挥发物质，然后用惰性气体带出而达到分离的目的。例如，汞是唯一在常温下具有显著蒸气压的金属元素，用冷原子荧光法测定水样中的汞时，先用氯化亚锡将汞离子还原为原子态汞，再通入惰性气体将其带出并送入仪器测定。

（2）蒸发。蒸发是指利用水的挥发性，将水样在水浴、油浴或沙浴上加热，使水分缓慢蒸出，而待测组分得以浓缩。该法简单易行，不需要化学处理，但存在缓慢、易吸附损失的缺点。

（3）蒸馏。蒸馏是利用各组分的沸点及其蒸气压大小的不同实现分离的方法，分为常压蒸馏、减压蒸馏、水蒸气蒸馏、分馏法等。加热时，较易挥发的组分富集在蒸气相，对蒸气相进行冷凝或吸收可以使挥发性组分在馏出液或吸收液中得到富集。

2.液-液萃取法

液-液萃取也叫溶剂萃取，是基于物质在互不相溶的两种溶剂中分配系数不同，从而达到组分的富集与分离的方法。具体分为以下两类。

（1）有机物的萃取。分散在水相中的有机物易被有机溶剂萃取，利用此原理可以富集分散在水样中的有机污染物。常用的有机溶剂有三氯甲烷、四氯甲烷、正己烷等。

（2）无机物的萃取。多数无机物在水相中以水合离子状态存在，无法用有机溶剂直接萃取。为实现用有机溶剂萃取，可以加入一种试剂，使其与水相中的离子态组分相结合，生成一种不带电、易溶于有机溶剂的物质。根据生成可萃取物类型的不同，无机物的萃取体系可分为螯合物萃取体系、离子缔合物萃取体系、三元络合物萃取体系和协同萃取体系等。在环境监测中常用的是螯合物萃取体系，金属离子与螯合剂形成具有疏水性的螯合物后被萃取到有机相，主要应用于金属阳离子的萃取。

3.沉淀分离法

沉淀分离法是基于溶度积原理，利用沉淀反应进行分离。在待分离试液中，加入适当的沉淀剂，在一定条件下，使欲测组分沉淀出来，或者将干扰组分析出沉淀，以达到组分分离的目的。

4.吸附法

吸附法是利用多孔性的固体吸附剂将水中的一种或多种组分吸附于表面，以达到组分分离目的的方法。常用的吸附剂主要有活性炭、硅胶、氧化铝、分子筛、大孔树脂等。被吸附富集于吸附剂表面的组分可用加热等方式解析出来进行分析测定。

5.离子交换法

离子交换法是利用离子交换剂与溶液中的离子发生交换反应进行分离的方法。离子交换剂分为无机离子交换剂和有机离子交换剂。目前广泛应用的是有机离子交换剂，即离子交换树脂。离子交换法通过树脂与试液中的离子发生交换反应，再用适当的淋洗液将已交换在树脂上的待测离子洗脱，以达到分离和富集的目的。该法既可以富集水中痕量无机物，又可以富集痕量有机物，分离效率高。

第四节　水污染防治与保护

一、水环境的污染及其危害

在现代社会中，人类对自然的影响力越来越大，由于工业废水、生活污水流入江河湖泊中，水环境受到了污染。地球上的水资源是有限的，许多地区面临着水资源不足的问题，水环境污染将使得原本不足的水资源更加短缺。水资源的污染直接威胁着人类的生存。保护水资源、防治水污染已成了人类生死攸关的全球性环境问题，因此水环境污染的问题受到人们越来越多的关注。

（一）水生生态系统和水环境污染的定义

1. 水生生态系统

水环境中水、水中溶解物质、悬浮物、底泥等以及各种水生生物的整体称为水生生态系统。在这个生态系统中，当水环境的循环流动保持物质和能量相对稳定时，生态系统中的生物种类和数量在一定时间和空间就会保持稳定的状态，这种状态称为水生生态系统的平衡状态。如果水生生态系统内部的某些因素受到外界自然条件或人为活动的影响而发生变化，就会使水生生态系统遭到破坏。

2. 水环境污染

在正常情况下，水生生态系统通过稀释、扩散等物理变化和氧化还原、配位等化学变化，以及生物的新陈代谢活动等过程，就能使自己恢复到原有的状态，这种作用称为水生生态系统的自净作用。江、河、湖、海及地下水等水环境，在一般情况下都有接受一定数量污染物的能力，通过自净作用使水质恢复到未被污染时的状态。但当污染物质进入水环境中，其含量超过了水环境的自净能力，就会造成水质恶化，水环境的正常功能遭到破坏，水的用途受到影响，进而破坏水生生物资源，危害人类健康，这种情况就是水环境污染。因此，并不是污染物进入了水环境就称为水环境污染，水环境污染的定义为：由于人类活动或天然过程而排入水环境的污染物超过了其自净能力，从而引起水环境的水质、生物质质量恶化，称为水环境污染。

（二）水环境污染源

向水环境排放污染物质的场所称为水环境污染源。

水环境污染源大致可分为两类：自然污染源和人为污染源。自然污染源是指自然环境本身释放的物质给天然水带来的污染，如河流上游的某些矿床、岩石和土壤中的有害物质通过地面径流和雨水淋洗进入水环境,这种污染具有长期性和持久性。人为污染源是指人类生产和生活活动排弃的废物给天然水带来的污染。当前对天然水造成较大危害的是人为污染源。人为污染源的种类很多,成分复杂,包括工业废水、生活污水等。

1. 工业废水

工业废水是造成天然水环境污染的主要来源,其毒性和污染危害较严重,且在水中不容易净化。工业废水所含的成分复杂,主要取决于各种工矿企业的生产过程及使用的原料和产品。按废水中所含成分的不同,工业废水可分为三类:第一类是含无机物的废水,它包括冶金、建材、无机化工等工业排出的废水;第二类是含有机物的废水,它包括炼油、石油加工、塑料加工及食品工业排出的废水;第三类是既含无机污染物又含有机污染物的废水,如焦化厂、煤气厂、有机合成厂、人造纤维厂及皮革加工厂等排出的废水。

2. 生活污水

生活污水是人们日常生活中产生的各种污水混合物,如各种洗涤水和人畜粪便等,是仅次于工业废水的又一主要污染源。生活污水中的无机物包括各种氯化物、硫酸盐、磷酸盐,以及钾、钠等重碳酸盐,有机物包括纤维素、淀粉、糖类、脂肪、蛋白质和尿素等。此外还有少量重金属、洗涤剂以及病原微生物。生活污水的特点是氮、硫、磷的含量较高,在厌氧微生物的作用下易产生硫化氢、硫醇等具有恶臭气味的物质,一般呈弱碱性。从外表看,水环境混浊,呈黄绿色以至黑色。

(三)水环境主要污染物及其危害

天然水中的污染物种类繁多,下面将讨论主要的水环境污染物及其危害。

1.耗氧有机污染物

（1）含义

耗氧有机污染物主要包括碳水化合物、蛋白质、脂肪等有机化合物，它们在微生物的作用下会进一步分解成简单的无机物质、二氧化碳和水。因为这类有机物质在分解过程中要消耗大量的氧气，故称为耗氧有机物。

（2）来源

耗氧有机污染物主要来源于造纸、皮革、制糖、印染、石化等工厂排放的废水及城市生活污水。

（3）危害

耗氧有机污染物一般不具毒性，但它们在水中分解，大量消耗水中的溶解氧而使水环境缺氧，影响鱼类和其他水生生物的正常生活，甚至造成大量鱼类死亡。同时，当水中溶解氧含量显著减少时，水中的厌氧微生物将大量繁殖，有机物在厌氧微生物的作用下进行厌氧分解，产生甲烷、硫化氢、氨等有害气体，使水环境发黑变臭，水质恶化。

2.无机悬浮物

（1）含义

无机悬浮物主要指泥沙、炉渣、铁屑、灰尘等固体悬浮颗粒。

（2）来源

无机悬浮物主要来源于采矿、建筑、农田水土流失，以及工业和生活污水。

（3）危害

无机悬浮物使水环境混浊，影响水生动植物生长。粗颗粒常淤塞河道，妨碍航运，一般无毒的细颗粒则会在水中吸附大量有毒物质，随流迁移扩大污染范围。

3.重金属污染物

（1）含义

通常把元素周期表中原子序数超过 20 的金属元素称为重金属。污染天然水的重金属主要是指汞、镉、铬、铅等生物毒性显著的金属，也指有一定毒性的一般金属，如锌、铜、镍和钴等。此外，非金属砷的毒性与重金属相似，通常一起讨论。

（2）来源

重金属污染物主要来自采矿、冶炼、电镀、焦化、皮革厂等排放的废水。

（3）危害

重金属污染物具有相当大的毒性，它们不能被微生物分解，有些重金属还可在微生物的作用下转化为毒性更强的化合物，它们可通过食物链逐级富集起来。重金属进入人体后往往蓄积在某些器官中，造成慢性积累性中毒。

①汞。汞的毒性很强，有机汞比无机汞的毒性更强，有很强的脂溶性，易透过细胞膜，进入生物组织，可在脑组织中蓄积，损害脑组织，破坏中枢神经系统，造成患者神经系统麻痹、瘫痪，甚至造成死亡。无机汞在水中微生物的作用下可以转化为有机汞，进入生物体内，通过食物链富集。天然水中的汞一部分挥发进入大气，而大部分沉入底泥。底泥中的汞可直接或间接地在微生物的作用下转化为甲基汞或二甲基汞。甲基汞易溶于水，因此又从底泥回到水中，水生物摄入甲基汞可在体内积累并通过食物链逐级富集，在鱼、鸟等高等动物体内富集程度很高。

②镉。镉的毒性很大，蓄积性强。用含镉废水灌溉农田，镉被迅速吸附并积蓄在土壤中，吸附率高达 80%～95%，尤以腐殖土壤吸附能力最强，因此也极易被作物吸收。镉进入人体后，可积蓄于肝脏和肾脏内，不易排出。由镉导致的慢性中毒，使肾脏吸收功能不全，致使钙从骨骼中析出，造成骨质疏松、软化，病人出现骨萎缩、变形以及骨折等损害骨骼的病症。

③铬。铬的存在价态有二价、三价和六价，其中六价铬的毒性最大，且易被生物体吸收和积蓄。因其具有强氧化性，所以对皮肤、黏膜有强烈的腐蚀性。可溶性六价铬盐可以穿透皮肤进入生物组织，引起皮炎、湿疹等皮肤病；不溶性铬盐若经呼吸道进入肺内则会导致肺癌。

④铅。铅可在人体内积累，引起贫血、肾炎、神经炎等。由于人类活动及工业的发展，铅几乎无处不在，大气、水环境、土壤都不同程度地受到铅污染，从而对人体构成潜在的威胁。

⑤砷。砷的毒性与其存在的形态有关。单质砷不溶于水，毒性很小；三价砷的毒性最大，如三氧化砷（俗名砒霜）、三氯化砷、亚砷酸及砷化氢等都有剧烈的毒性；虽然五价砷毒性不大，但在一定条件下，体内的五价砷能被还原成有毒的三价砷化合物，因此五价砷中毒的症状是比较缓慢的。砷化物主要通过消化道、呼吸道及皮肤进入人体。三价砷离子能与细胞内酶系统中的巯基结合，抑制酶的活性，从而影响生物的新陈代谢；另外，还可引起神经系统、毛细血管和其他系统功能性和器质性病变。砷中毒症状表现为剧烈腹痛、呕吐等，严重中毒者七窍流血、昏迷直至死亡。

4. 氰、氟污染物和一些有机有毒物

（1）含义

有毒污染物是指对生物有机体有毒性危害的污染物，可分为无机有毒物和有机有毒物。重金属污染物属无机有毒物，除此之外还有非金属类的无机有毒物，如氰化物和氟化物；有机有毒物分为易分解的有机有毒物（如酚、醛、苯等）和难分解的有机有毒物（如多氯联苯、有机磷、有机氯等）。

（2）来源

氰化物来自工业废水，如炼焦厂废水、高炉煤气洗涤水及冷却水；氟化物在地壳中分布较广，干旱的内陆盆地和盐渍化海滨地区的土壤及水中的含氟量可能较高；有机有毒物多来自工业废水及农药喷洒。

（3）危害

氰化物是无机盐中毒性最强的污染物，进入人体后可立即与血红细胞中的氧化酶结合，造成细胞缺氧，从而导致死亡，地面水中的氰化物浓度很低时便可导致鱼的死亡；氟化物则会对人体的骨骼、牙齿造成极大的破坏。

酚类化合物可通过皮肤、黏膜、呼吸道和消化道进入人体，与细胞中蛋白质反应，使细胞变性、凝固，若渗入神经中枢，会导致全身中毒、昏迷，甚至造成死亡。

难分解的有机有毒物可在水中不断积累，通过食物链在生物体内不断富集。例如，多氯联苯进入人体后积存在脂肪组织、脑和肝脏中，损害这些组织；有机磷可抑制生物体内的乙酰胆碱酯酶的活动，从而影响神经系统，使之由兴奋逐渐转入抑制和衰竭；有机氯主要影响中枢神经系统，还能通过皮层影响植物神经系统及周围神经，且对肝脏和肾脏有明显损害。

5.酸、碱和一般无机盐污染物

（1）来源

酸、碱和一般无机盐污染物来自矿山排水及化纤、造纸、制革、炼油厂排放的废水，大气中的硫氧化合物 SO_x、氮氧化合物 NO_x 等也可转变为"酸雨"降落至水环境中。

（2）危害

酸和碱进入水环境都能使水的 pH 值发生变化，pH 值过低或过高均能杀死鱼类和其他水生生物，消灭微生物或抑制微生物的生长，妨碍水环境的自净作用。水质若含硫酸盐和硝酸盐成分，饮用可直接影响人体健康（引发心血管疾病与致癌），还可使供水管道受到腐蚀而使水质更具毒性。用含有酸、碱、盐的水灌溉农田，会导致土壤盐碱（酸）化，使农业产量下降。酸、碱、盐的污染还会使水的硬度升高，给工业用水和生活用水带来不良影响。

二、水环境污染的机理、类型及特点

（一）水环境污染的机理

污染物进入水环境后，成为水环境的一部分。在与周围物质相互作用并造成危害的污染过程中，它受到各方面因素的影响，从而也决定着污染发展方向和污染程度的大小。

水环境污染是物理、化学、生物、物理化学与生物化学综合作用的结果。由于污染物性质不同以及水环境状态不同，在某些条件下也可能以某一种作用为主。

1.物理作用

水环境污染的物理作用一般表现为污染物在水环境中的物理运动，如污染物在水中的分子扩散、紊动扩散、迁移，向底泥中的沉降积累，以及随底泥冲刷重新被运移，以此来影响水质。这种作用只影响水环境的物理性质、状况、分布，而不改变水的化学性质，也不参与生物作用。

影响物理作用的因素是污染物物理特性、水环境的水力学特性、水环境的物理特性（温度、密度等）以及水环境的自然条件。

2.化学与物理化学作用

水环境污染的化学与物理化学作用是指进入水环境的污染物发生了化学性质方面的变化，如酸化或碱化-中和、氧化-还原、分解-化合、吸附-解吸、沉淀-溶解、胶溶-凝聚等，这些化学与物理化学作用能改变污染物质的迁移、转化能力，改变污染物的毒性，从而影响水环境的化学反应条件和水质。

影响化学与物理化学作用的因素是污染物的化学与物化特性、水环境本身的化学与物化特性以及水环境的自然条件。

3.生物与生物化学作用

水环境污染的生物与生物化学作用是指污染物在水中受到生物的生理、生化作用和通过食物链的传递过程发生分解作用、转化作用和富集作用。生物和生化作用主要是将有害的有机污染物分解为无害物质，这种现象称为污染物的降解。但在特定情况下，某些微生物可以将水中一种有害物质转化为另一种更有害的物质。此外，水中有许多有害的微量污染物可以通过生态系统的食物链富集到浓度达千百倍以上，从而使生物和人体受害，这是影响水环境的重要因素。

总之，造成水环境污染的机理是比较复杂的，往往是多种因素同时作用但又以某种因素为主，因此便衍生出形形色色的水环境污染现象。

（二）水环境污染的类型及特点

各种水环境的特性不同，受污染的特点亦不相同。按污染物进入的水环境类型划分，水环境污染可分为：河流污染、湖泊污染、海洋污染、地下水污染等。

1.河流污染

河流是与人类关系最密切的水环境，全世界最大的工业区和绝大部分城市都建立在河流之滨，依靠河流供水、运输、发电。河流又常是城市、工厂排放污水、废水的通道，目前大多数河流都受到不同程度的污染。

河流污染有如下特点：

（1）污染程度随径流量变化而变化

河流的径流量决定了河流对污染物的稀释能力。在排污量相同的情况下，河流的径流量越大，稀释能力就越强，污染程度就轻，反之就重。而河流的径流量是随时间变化的，所以河水的污染程度亦随时间而变化，当排污量一定时，汛期的污染程度就轻，枯水期的污染程度就重。

第四章 水环境监测与保护

（2）污染物扩散快

污染物排入河流先呈带状分布，经排污口以下一段距离的逐渐扩散、混合，达到河流全断面均匀混合。污染物在河流中的扩散迁移与河流的流速、水深及水环境紊动强度有关。

（3）污染影响面大

河流是流动的水环境，上游遭受污染会很快影响到下游，一段河道受污染可以影响整个河道的生态环境，甚至使与其关联的湖泊、水库、地下水、近海受到不同程度的污染。

（4）河流的自净能力较强

河水的流动性有使污染快速扩散的一面，同时也有使水环境具有较强的自我恢复、自我净化能力的一面。河水的流动性促使大气氧能较迅速溶解进被污染的河流，使其 DO 值得到较快的恢复，有利于水中有机物的生物氧化作用。另外，由于河水交替快，污染物在河道中是易于运移的"过路客"，这些都加快了具体河段的自净过程，因而河流的污染相对比较容易控制。

2.湖泊污染

湖泊的水流速度较小，水环境更替缓慢，因此很多污染物能够长期悬浮于水中或沉入底泥。湖泊承纳了河流来水的污染物，以及沿湖区工矿、乡镇直接排入的污水、废水，因此有些湖泊受到了很严重的污染。

湖泊污染有以下特点：

（1）污染来源广、途径多、种类复杂

湖泊大多地势低洼，因此暴雨径流在集水区上和入湖河道可携带湖区各种工业废水和居民生活污水，湖区周围土壤中残留的化肥、农药等也通过农田回归水和降雨径流的形式进入湖泊。湖泊中的藻类、水草、鱼类等动植物死亡后，经微生物分解，其残留物也可污染湖泊。

(2) 稀释和搬运污染物质的能力弱

水环境对污染物质的稀释和迁移能力，通常与水流的速度成正比，流速越大，稀释和迁移能力越强。湖泊由于水域广阔、贮水量大、流速缓慢，故污染物进入湖泊后，不易被湖水稀释进而充分混合，往往以排污口为圆心，浓度向湖心逐渐减小，形成浓度梯度。湖水流速小，使污染物易于沉降，且使复氧作用降低，湖水的自净能力减弱。因此，湖泊是使污染物易于留滞沉积的封闭型水环境。

(3) 易发生湖泊富营养化

湖泊集水面上的各种有机污染物，特别是农业径流带来的氮、磷等营养元素进入湖泊，能使水生生物特别是藻类大量繁殖。有机物的分解大量消耗溶解氧，而湖水流速缓慢又使水的复氧作用降低，造成水环境溶解氧长期缺少，使水生生物不能继续生存，水质变坏、发臭。

(4) 对污染物质的转化与富集作用强

湖泊中水生动植物多，水流缓慢，有利于生物对污染物质的吸收，通过生物系统的食物链作用，微量污染物质能不断被富集和转移，其浓度可上百万倍增长。有些微生物还能将一些毒性一般的无机物转化为毒性很大的有机物。

3. 海洋污染

海洋是地球上最大的水环境。引起海洋污染的主要是通过河流带入海洋的污染物，人为地向海洋倾倒的废水、污染物，以及海上石油业和海上运输排放和泄漏的污染物。

海洋污染有以下特点：

(1) 污染源多而复杂

除了海上航行的船舰及海下油井排放和泄漏的污染物，沿海和内陆地区的城市和工矿企业排放的污染物最后也大多进入海洋。陆地上的污染物可通过河流进入海洋，大气污染物也可随气流运行到海洋上空，随降雨进入海洋。

（2）污染持续性强，危害性大

海洋是各地区污染物的最后归宿，污染物进入海洋后很难转移出去。难溶解和不易分解的污染物在海洋中累积起来，数量逐年增多，并通过迁移转化而扩大危害，对人类健康构成潜在的威胁。

（3）污染范围大

世界上各个海洋之间是相通的，海水也在不停地运动，污染物可以在海洋中扩散到任何角落。所以污染物一旦进入海洋，是很难控制的。

4.地下水污染

污染物通过河流、渠道、渗坑、渗井、地下岩溶通道、地面污灌等途径，从地表进入地下，引起地下水污染。地下水污染可分为直接污染和间接污染两类。直接污染是地下水污染的主要方式，污染物直接进入含水层，在污染过程中，污染物的性质不变，易于追溯，如城市污水经排水渠边壁直接下渗。在间接污染中，污染物先作用于其他物质，使这些物质中的某些成分进入地下水，造成污染，如由于污染引起的地下水硬度增加、溶解氧减少等。间接污染的过程缓慢、复杂，污染物性质与污染源已不一致，故不易查明。

地下水与地表水之间有着互补的关系，地表水的污染往往会影响地下水的水质。由于地下水流动一般非常缓慢，其污染过程也很缓慢且不易察觉。一旦地下水被污染，治理非常困难，即使彻底切断了污染源，水质恢复也需要很长时间，往往需要几十年甚至上百年。

三、水污染防治对策

（一）明确水污染防治原则

水污染防治工作的开展，需要遵循相应的原则，只有这样方可达到理想的水污染防治效果。

首先要遵循综合性原则。在过去的一段时间里，水污染防治工作忽视综合性原则，没有考虑到生态因素，导致了严重的水污染问题。新时期，要将生态理念融入水污染防治工作中，有机融合水污染防治和生态环境建设，借助生态学理论思想，修复并治理被污染的水体，推动水环境生态综合建设，充分体现出水污染防治的综合功能，实现人与自然协调发展。

其次应遵循系统化原则。水污染防治工作的开展，具备较强的系统性和复杂性，因此要深入、系统地分析水污染根源，并结合生态环境发展需求，构建良性循环发展体系，并结合各个区域、流域、湖泊特点，制定差异性的水污染防治措施，分批分类推进水污染防治工作，提升水污染防治水平。

最后应遵循综合治理原则。水污染防治单纯依靠制度是远远不够的，因此在水资源开发利用的同时，应强化保护和治理意识，树立预防为主、防治结合、综合治理的思想理念，在保护水资源的同时，减轻生态破坏。

（二）完善水环境监测系统

水污染防治工作的开展，是建立在水环境监测的基础之上的，因此要重视对水环境监测系统的建立与完善，全面、精准、有效监测水环境状况，获得全面、客观的监测数据，为水污染防治工作的开展提供重要的依据。各个部门彼此之间要加强沟通和交流，建立协作机制，明确划分工作职责和内容，将责任和任务落实到每一个人，避免出现相互推卸责任的现象，同时有效约束监测人员的工作行为，提升水环境监测水平。

（三）强化水环境监测能力

新时期，在水环境监测中，要重视对现代化技术、工艺、设备的应用，为水环境监测工作提供便利。如物联网技术、大数据技术、计算机信息技术等，每一项技术具备不同的优势，均是不可替代的，要充分发挥各项技术的价值作用，切实提高水环境监测技术含量，充分掌握水质环境，同时实现对水环境的自动化、动态化、实时化监测，使得各项监测数据更加具有参考价值，优化监测结果。要充分地结合水环境监测实际需求，合理灵活地应用水环境监测技术、方法，不断更新监测仪器设备，认真做好数据采集、分析工作，依靠更加先进的技术，提升水环境监测能力。

（四）加大宣传教育工作

水污染防治关系到我们每一个人，单纯地依靠某个部门的力量防治水污染，效果必然不理想。基于此，政府部门要加大对水污染防治工作的宣传教育力度，充分发挥广播、广告、宣传单页、微信、抖音、微博的价值作用，向人们宣传普及水污染防治知识和技术，切实提高广大人民群众的水污染防治意识，促使其充分意识到水污染防治工作的重要性和必要性，协助、配合并积极参与到水污染防治工作中，形成工作合力，达到更加理想的水污染防治效果。要强化宣传法律法规，促使居民、企业意识到水污染、乱排乱放是违法行为，并将宣传教育工作和世界环保日、当地民俗活动挂钩，营造良好的宣传氛围，优化宣传途径，提升宣传效果，增强全民水资源保护意识，解决水资源短缺、污染的问题。

（五）增加政府支持力度

水污染防治工作的开展，需要相关政策、资金的支撑，因此政府部门要明确水污染防治工作的重要性，加大对水污染防治方面的政策支持、资金投入力度，确保水污染防治工作的顺利有序开展。应将水污染防治工作和当地政府绩效考核挂钩，增强基层政府水污染防治工作的积极性，设置专项资金，做好对资金的管理工作，做到专款专用，避免出现资金挪用等现象。依靠充足的资金，及时引进先进的水环境监测设施设备及水污染治理技术，实现对水环境的实时化、动态化监测，提升水环境监测质量。要重视人才队伍建设工作，面向社会公开招聘优秀人才，做好考核工作，保证其满足工作需求。定时定期地进行人员培训，切实提高其专业化水平及综合素质，为水环境监测及水污染治理工作的开展提供保障。

（六）优化水污染防治技术

在水污染防治工作中，应结合实际情况合理选用防治技术。目前，水污染防治技术主要包括物理、化学、生物等技术。物理防治技术主要包括两种：一种是截污分流技术，在城市排污处理中的应用较为广泛；另一种是底泥疏浚技术，主要以处理底泥为主，能够有效降低底泥内部负荷，控制水体营养物，提高水体质量。化学防治技术常用的有两种：一种是化学除藻技术，是解决水体富营养化的重要技术，利用硫酸铜、柠檬酸抑制蓝藻生长；另一种是重金属固定技术，在处理水体酸性、重金属污染方面发挥着重要作用，通过投入石灰石等碱性物质，促使其和水中的酸性物质、重金属物质发生反应，最终达到改善水质的目的。生物防治技术对于水污染的处理，是利用生物修复技术在水体中种植水生植物，发挥其吸收、代谢作用，去除水土污染物，最终使水生态系统恢复正常。

（七）对污染源头有效治理

水污染防治工作中，关键的一步就是控制污染源头，减少污染物的排放，减轻水污染问题。要结合水污染原因，重点做好对农业、化工业、建筑业等方面的监督管理工作。政府部门应认真履职，及时发现并严惩乱排乱放等污染水资源的行为，并设置举报电话，引导全民参与到水污染防治工作中，建立奖惩制度，严惩违反污染物排放制度的人员、企业，从源头有效治理水污染问题，提升水污染防治水平。同时，针对成功检举污染企业的人员、严格遵守水污染防治要求的企业，应加大精神、物质方面的奖励，在社会范围内营造良好的氛围，提升人民水污染防治的积极性。

综上所述，我国是人口大国，对于水资源的需求量巨大。针对水资源短缺、水污染严重的问题，要高度重视起来，加大水环境监测力度，明确水环境监测的重要性，控制水资源监测质量，获得准确的水环境监测数据，并在此基础之上积做好水污染防治工作，结合水污染原因，制定切实可行的水污染防治对策，提升水污染防治水平，缓解水资源污染问题，确保用水安全，实现人与自然的协调发展。

四、水环境的保护

（一）水环境保护的重要意义与作用

随着经济社会的迅速发展、人口的不断增长和人们生活水平的大大提高，人类对河流、湖泊、水库、港湾等的污染日趋严重，正在严重地威胁着人类的生存和可持续发展。正如许多科学家所预言的，如果人们在发展经济中不注意保护环境，最终将使自己失去赖以生存的环境而导致自身的毁灭。面对越来越严峻的污染公害，许多国家都制定了一系列关于水环境保护的法令、措施，规定工程规划、设计、施工和管理过程中，同时要对环境质量进行预测、评价和保护，使经济建设与环境保护协调发展。水环境污染在我国也相当严重，并且在进一步恶化，水环境问题已经成为制约我国经济发展的一个重要因素。吸取国外以往以牺牲环境为代价发展经济的惨痛教训，从基本国情出发，我国制定了"全面规划，合理布局，综合利用，化害为利，依靠群众，大家动手，保护环境，造福人民"的环境保护总方针，之后又制定了工程建设与环境建设同时设计、同时施工、同时投产的"三同时"规定，并在尽可能减少新污染源的同时，积极治理老污染源。对于水资源合理开发利用，除了要知道未来各地水量的时空变化，还必须预测、评价相应的水环境质量状况，进行水环境保护规划，确保用水安全，这已经成为工程规划设计与管理的一项必不可少的工作内容。显然，水环境保护在保障经济社会可持续发展中具有非常重要的意义与作用。

（二）水环境保护工作的任务与内容

环境是相对于一个主体事物周围的各种因素及其状态特征的总和。对于环境科学来说，人类是主宰世界的主体，所研究的是围绕人类生存、发展的环境，包括自然环境和社会环境。自然环境是指包围地球表层的大气圈、水圈、岩石圈和生物圈构成的各种自然因素及其状态的总和。社会环境则是指人类社会经济、政治、文化等社会诸因素及其状态的总和。显然，水环境是自然环境的一个重要组成部分，是指自然界各类水环境，如河流、湖泊、水库、海洋、地下水、空中水等的数量、质量状态的总和。在水量方面，如降水、蒸发、下渗、径流等的变化，是水文学研究的主要对象；在水质方面，如水环境的泥沙、水温、溶解氧、有机物、无机物、重金属、水生生物等的变化，是水环境科学主要研究的对象。水是水中各种物质的载体，水质状态与水量密切相关，例如主要受工业废水污染的河流，丰水期一般水质较好，枯水期污染往往加重。水环境科学总是将两者作为一个整体来研究，只是目标更集中在水质变化上，因此本课程所指的水环境常常把水量状态作为已知条件，重点研究水环境质量的变化。

水环境保护工作是一个复杂、庞大的系统工程，其主要任务与内容有：①水环境的监测、调查与试验，以获得水环境分析计算和研究的基础资料。②对排入受纳水环境的污染源的排污情况进行预测，即污染负荷预测，包括对未来水平年的工业废水、生活污水、流域径流污染负荷的预测。③建立水环境模拟预测数学模型，根据预测的污染负荷，预测不同水平年受纳水环境可能产生的污染时空变化情况。④水环境质量评价，以全面认识环境污染的历史变化、现状和未来的情况，了解水环境质量的优劣，为环境保护规划与管理提供依据。⑤进行水环境保护规划，根据最优化原理与方法，提出满足水环境保护目标要求的水污染防治最佳方案。⑥环境保护的最优化管理，运用现有的各种措施，最大限度地减少污染。

（三）环境保护与水土保持监理

环境保护与水土保持监理规划设计的内容应包括资质条件、人员条件、人员配备、工作内容、工作制度等。

1.环境保护与水土保持监理机构监理人员和岗位设置

（1）监理人员设置

环境保护与水土保持监理现场工作人员应符合资质要求，具有较强的专业知识、专业技术能力、组织协调能力，能对施工活动进行现场调查和分析判断，并组织相关各方推进工程环境保护与水土保持工作。

环境保护与水土保持监理机构人力资源规模应根据工程规模、环境敏感性和复杂性等因素确定。环境保护与水土保持监理人员专业构成应能满足工作需要，必要时可增配测量、施工等专业人员。

（2）监理机构的岗位设置

按项目管理的要求，设置项目经理岗位，以利于监理机构所属后方单位的管理。项目经理可由后方领导担任。

监理机构人员配置，依据工程规模确定。根据有关工程经验，可参考下列配置：在项目经理下设总监理工程师 1 名，根据工程规模和环境保护与水土保持监理工作量，设副总监理工程师 1～2 名，第一类、第二类和第三类项目各设置环境保护与水土保持专业监理工程师 1～2 名，各类项目配置监理员 1～3 名，另外设置 1 名辅助工作人员，负责文秘、信息、档案等综合性工作。

2. 环境保护与水土保持监理工作程序

环境保护与水土保持监理工作程序应与工程环境保护与水土保持管理体系、机构设置模式相协调，并分别拟定总体工作程序和环境保护与水土保持分类项目工作程序。总体工作程序应反映工程建设对工程环境保护与水土保持监理的阶段性要求特点，分类项目的工作程序应结合相关各方的职责划分情况确定。

（1）总体工作程序

从准备进场到完成合同任务后离场，工程环境保护与水土保持监理工作程序总体上包括以下内容：

进场初期或工程环境保护与水土保持监理招投标阶段，编制工程环境保护与水土保持监理规划。

进场后，按照监理规划、工程建设进度，编制工程环境保护与水土保持监理综合项目监理实施细则，并开展综合监理和管理。

针对承担的专项环境保护与水土保持建设监理工作，编制各项目的监理细则。

按监理细则和合同要求，开展施工期环境保护与水土保持监理与综合管理工作。

参与工程合同项目完工验收,签署工程环境保护与水土保持监理意见。

协助发包人组织开展工程环境保护与水土保持竣工验收。

进行工程环境保护与水土保持监理工作总结,向建设单位移交工程环境保护与水土保持监理档案资料。

(2)分类项目工作程序

工程环境保护与水土保持项目可分三类:

一类项目是在施工过程中同步实施的环境保护与水土保持设(措)施,以及从规模、投资等方面不适合独立发包的环境保护项目。

二类项目是可以独立发包的专项环境保护与水土保持设施和工程。

三类项目是环境监测与水土保持监测管理、专项设施的运行管理等环境保护与水土保持综合管理类项目。

分类项目工作程序如下:①一类项目的监理责任主体是工程监理单位。工程环境保护与水土保持监理单位对工程监理单位和施工单位的环境保护与水土保持工作进行监督、检查,提出生态环境影响的整改要求并跟踪落实。工作程序应从项目招投标和施工组织设计的环境保护与水土保持内容审查、施工过程环境保护与水土保持监督管理、环境保护与水土保持设施运行管理和验收管理等方面进行规划设计。②对于二类项目,在工程监理单位承担施工监理的情况下,其工程环境保护与水土保持监理单位的工作程序同一类项目;如果由工程环境保护与水土保持监理单位承担二类项目的施工监理,其工作程序要满足工程建设监理规程规范的要求。③三类项目的工作程序应反映工作计划、生态环境影响问题的发现与解决、工作成果验收等方面的要求。

3.环境保护与水土保持监理工作制度

（1）早期介入制度

参与工程环境保护与水土保持规划、设计以及施工招投标管理；及早建立工程环境保护与水土保持管理体系和管理制度，并督促参建单位建立内部的环境保护与水土保持管理体系和管理制度。规划设计应对相关内容进行细化。

（2）现场巡查制度

工地现场巡查方式包括定期巡查和不定期巡查（突击巡查）相结合、明查和暗查相结合、单独巡查和会同工程监理共同巡查相结合等方式。结合工程情况规定巡查的频率，重点巡查部位，巡查记录，巡查中发现的环境污染或破坏问题、水土流失问题的处理，等等。

（3）日常记录制度

应明确编写工程监理日志、积累原始工作资料和重点记录的内容及要求。

（4）业务会议制度

根据不同的会议主持单位、会议主题提出相应的会议制度要求。主要会议包括自行主持环境保护与水土保持工作例会、环境保护与水土保持专题会议、工程环境保护与水土保持监理单位的内部工作会议，以及工程建设监理单位主持的工作例会等。

（5）培训及宣传制度

应明确培训的组织要求和实施方式。宣传培训可采取分级开展的方式实施。工程环境保护与水土保持监理单位和业主组织的宣传培训，施工区所有参建单位的相关负责人都应参加；工程监理单位承担对施工单位的环境保护与水土保持宣传培训和内部的宣传培训；施工单位应以全体施工人员为培训对象，结合施工项目生态环境影响和环境保护与水土保持措施要求开展相关知识培训和法律法规宣传。

（6）检查与考核制度

应明确考核的组织、考核的内容、考核结果的处理等，进行定期或临时检查考核。

（7）环境保护与水土保持专项验收制度

应按环境保护与水土保持项目分类情况分别提出验收管理要求。验收的内容包括验收组织、验收条件、验收档案管理等。

（8）工作报告制度

工作报告包括工作月、季、半年、年度报告。通过报告定期向业主及行政主管部门全面、系统地汇报工程环境保护与水土保持工作；同时按照行政主管部门和业主要求，不定期编制专题工作报告。

本制度应规定工作报告的主要内容、期限要求、发送范围等。

（9）信息统计及文件管理制度

大部分环境保护与水土保持措施要求应包含在各施工项目中。为了准确掌握环境保护与水土保持项目已实施的工程量和投资情况，应开展持续的环境保护与水土保持信息统计工作，同时为工程环境保护与水土保持竣工验收积累过程材料。信息统计制度应明确信息分类、时间要求、统计口径等内容，以及工程建设监理单位、承建单位等相关单位的职责和要求。文件管理制度重点规定文件分类、编码、流程、归档等。

（10）环境污染、水土流失等事故应急处理制度

事故应急处理制度应指出可能出现环境污染或水土流失的工程部位、施工辅助设施、施工环节，并明确应急启动、应急处理、遗留问题处理等内容。

第五章 大气环境监测与保护

第一节 大气环境污染的概述

一、大气环境污染的现状

近年来,我国大气污染防治工作取得积极进展,全国主要大气污染指数(air pollution index, API)呈逐年好转态势;传统烟煤型大气污染有改善的趋势,大气中二氧化硫和可吸入颗粒污染物浓度持续下降。但随着我国城市基础设施等建设的井喷式发展、能源消耗量的持续上升和机动车保有量的飞速增加,以氮氧化物、有机性挥发物为主的其他污染物排放明显增多,灾害性灰霾天气、光化学复合型大气污染等新型大气污染问题日益凸显,给居民工作和生活造成了诸多不便,甚至对居民身心健康产生威胁。随着我国社会经济迅猛发展和人民生活水平的显著提高,大气污染的日趋严重和人们对大气环境质量要求的显著提高之间已逐步产生了不可调和的矛盾,京津冀、长三角、珠三角和成渝地区已成为我国典型的四个复合型大气污染区,灰霾天气、臭氧污染、酸雨等灾害性天气已经严重影响了当地居民的生活质量。

2012年发布的《环境大气质量标准》(GB 3095—2012)增设了细颗粒物($PM_{2.5}$)浓度限值。从此,中国环保工作的主要任务转变为以细颗粒物($PM_{2.5}$)防控为重点的大气污染防治,并协同控制二氧化氮等多种大气污染物的排放,即从传统的以污染因子为导向的大气污染治理向以环境质量为导向的大气污染治理转变。

二、大气环境污染的危害

大气污染严重影响人类的健康，尤其会对怀孕妇女和胎儿产生很大危害，导致新生儿畸形，因此人类要想持续发展就需要洁净的大气。随着经济进一步发展，大气污染的主要来源从单一的二氧化碳排放转变为以二氧化碳、氮氧化物、颗粒物、有机挥发物和臭氧为主的多种污染物的混合排放，对居民的生产生活造成了严重的影响。其中，可吸入颗粒物（PM_{10}），特别是直径小于或等于 2.5 微米的细颗粒物（$PM_{2.5}$）超标，是造成雾霾的主要原因，严重危害了人们的身体健康。

在大气污染物达到一定的浓度水平并且经过长时间暴露后，人体因呼吸系统疾病的住院率有了显著上升，孩童的肺功能指标异常数有所增长。大气中可吸入颗粒物（PM_{10}）被人体吸入后，肺炎、气管炎、肺结核以及心血管疾病的发病率将显著上升，对儿童、老人以及心肺病者等敏感人群的危害更大。大气中的高浓度二氧化硫会引发哮喘病患者肺功能衰减，而长期吸入氮氧化物可能导致肺部构造改变，特别在哮喘病患者进行户外运动时概率更大。严重时，人类很有可能会在光化学烟雾对眼、鼻、喉和呼吸道的强烈刺激作用下出现意识障碍。

直径小于或等于 2.5 微米的细颗粒物甚至可以直接被吸入人体肺部，是诱发癌症的重要因素之一。2013 年 11 月，国际癌症研究所正式宣布将室外大气污染物归为人类致癌物，并通过研究证明了肺癌患病风险随颗粒物质和大气污染暴露水平的增高而增加的相关关系。

另外，环境质量的下降在情绪和心理上给人们带来的负面影响也十分明显，例如人们会在大气质量下降的时间段减少户外活动，进而导致幸福感明显下降。

三、大气环境污染的成因分析

面对大气质量的下降和经济发展的压力，人们陷入两难境地，大气污染治理刻不容缓，而治理的关键在于成因分析。大气中污染物浓度的变化主要受污染物排放和气象条件的影响，大气污染问题是人为因素和自然地理因素共同作用的结果。

（一）经济发展与城市环境保护的冲突

随着国民经济的发展，特别是城市化和工业化的快速发展，以及"高投入、高消耗、高污染"经济增长模式，生态环境承受着巨大的压力。杨振使用改进后的主成分回归分析考察了20世纪90年代初期以来社会经济以及我国人口因素对化石燃料消费碳排放的影响作用。研究发现：对碳排放均具有显著的正向影响的因素是人口因素和经济规模、产业结构、能耗结构及碳排放强度这类主要代表人口总量、人口城市化和居民收入水平的经济因素，其中能源消费碳排放的关键决定因子是经济规模和人口总量。杜雯翠、冯科对大气污染进行了分类讨论，提出大气污染可分为产业公害型大气污染和城市生活型大气污染两种类型。产业公害型大气污染因产业集聚而形成，但对污染进行集中处理有现实可能性，被称为"生产效应"；城市生活型大气污染因人口集聚而生，以燃煤、生活垃圾等污染活动为主，被称为"生活效应"。两种效应的权衡决定了城市化是否恶化了大气质量。有学者研究发现，新兴经济体城市化与大气污染之间存在 U 型曲线关系,并认为城市化对大气污染影响由负变正的拐点出现在城市化率为 59%的时点。当城市化率低于 59%时,城市化的"生活效应"小于"生产效应",城市化不一定带来大气质量的恶化。在此种情形下,应当根据"生产效益"的特点,采取各种有效措施积极开展污染集中处理工作,为我国城市化推进提供更有效的环境保障。

许多学者通过实证分析证实了工业发展,特别是重污染产业的污染物排放与大气污染间的显著相关关系。他们认为火力发电、水泥、钢铁、工业废气、交通和居民生活是我国大气污染的几大污染来源,水泥生产与我国大气污染物浓度之间有着显著关系,而科技手段的运用可能减少污染。尼古拉斯·穆勒（Nicholas Muller）对美国大气污染源做了解析,他经过研究发现农业生产是大气污染的最大污染源,其次是交通运输和工业生产。细分行业来看,火力发电、粮食加工、卡车运输、畜牧业、道路建设和桥梁建设是大气污染的主要污染来源行业。

当国民经济发展到一定水平时,城市环境污染必然和居民不断提高的环境质量要求产生矛盾,产业结构升级、经济发展方式的改变成为大势所趋和地方政府工作的重点。总体来讲,自由贸易是有利于城市环境保护的,但贸易自由化会同时带来以污染天堂假说为动因的消极环境影响,综合要素禀赋和其他动因的积极环境影响之后,对经济结构的变化具有双重环境效应。李斌、赵新华选取 37 个主要工业行业的三废排放数据为样本,考察了技术进步和工业经济结构对工业废气减排的影响,通过对环境污染的影响进行分解,得到如下结论:纯污染治理技术效应和纯生产技术效应在工业废气减排的过程中均占据主导地位;而工业经济结构的变化没有明显对工业废气减排起到作用,从数据分析结果来看,甚至还出现了工业经济结构调整加剧环境污染的状况;结构治理技术效应和结构生产技术效应均对工业废气的减排具有促进作用;环境技术进步可以在一定程度上弥补工业结构不合理带来的环境污染情况。

由于大气污染的外部性特点和产品性质，其治理方式和管理内容都需要突破地方政府行政边界，通过制度建设为经济发展和城市环境保驾护航。基于激励理论，皮建才分析了中国式分权体制下的城市环境保护与经济发展。他认为，忽略中国式分权体制下的城市环境保护与经济发展的内在机制，是关于中国城市环境保护与经济发展的实证文献存在许多不一致的观点的主要原因。

（二）城市化发展和机动车污染

随着城市经济的高速发展，道路交通需求大幅提高，机动车保有量不断增加，机动车排放已成为大气中氮氧化物的主要来源，汽车尾气污染已经成为现代社会普遍关注的问题。在欧洲、日本均可以看到政府对城市交通发展有着明显的倾向性选择，即大力发展轨道交通，加强城市道路建设，以缓解交通压力，改善交通拥挤状况，不仅在数量上尽量减少小汽车的使用，更在时间上减少私家车在道路中堵塞的时间，以控制尾气排放。

（三）燃煤和化石燃料的使用

煤作为一种重要的工业和民用燃料，在生产生活中应用广泛，其在燃烧过程中产生大量颗粒物，形成一次 $PM_{2.5}$，并且燃烧过程中还会形成碳氧化物、硫氧化物、氮氧化物、有机化合物等多种有害气体，在一系列化学反应后生成二次 $PM_{2.5}$，严重危害环境和人体健康。我国城市在冬季主要依靠燃煤取暖，导致城市冬季大气环境质量恶化。而天然气则是一种清洁能源，可以在很大程度上替代燃煤，进而提高大气质量。涂斌等的研究证实了天然气替代燃煤集中取暖对大气污染减排具有显著成效。

除了燃煤，石油型大气污染也不容小视。无论是原料环节、炼油环节、销售环节还是消费环节，我国成品油的品质都与欧美国家存在巨大差距，油品标准的滞后大大制约了减排效果，劣质汽油燃烧不完全导致大气污染加重。

（四）自然地理因素

大气污染具有区域性特点，在区域排放源相对稳定的情况下，天气系统的活动尺度、大气环流的输送扩散等客观情况使得城市间大气污染物输送明显。大气污染物扩散受近地面气象因素，如风向、风速、大气层结条件和降水情况等的影响明显。其中，近地面风场对大气污染物的稀释和输送起主要作用，而近地面持续静风则不利于城市中颗粒物的水平输送和垂直扩散，降水对在大气中浮游的颗粒物具有直接的冲刷和清洁作用，有利于降低污染物浓度。有学者通过对松原市的可吸入颗粒物（PM）、二氧化硫（SO_2）和二氧化氮（NO_2）的观测值进行分析，得出降水量、风速、气温、云量以及相对湿度等指标均与大气污染程度密切相关；还有学者通过对兰州市区三种主要大气污染物，即二氧化硫、一氧化碳和氮氧化物的浓度监测结果进行分析，发现低空大气层温度递减率越高，大气污染物浓度越低，大气温度层结状况对该地区大气质量有显著影响。

一般来讲，我们认为污染物浓度既受到人为经济因素中污染物排放的影响，又受到自然地理因素，特别是天气条件的影响。但值得注意的是，自然气象条件往往只是影响大气质量的外部条件，而人为的污染物排放才是大气污染的根本原因。但这并不是说在大气污染防治的过程中，我们可以忽略自然地理因素对大气质量的影响而单纯着眼于社会经济因素考察人为污染物排放对大气质量的决定性影响。其原因在于不同城市因所处的自然地理条件不同，对工业活动和能源消耗有着不同的环境承载上限，而这个限值在很大程度上是由当地的自然地理条件决定的。在社会经济发展的过程中，污染排放和能源消耗是不可避免的，不同城市或地区作为经济发展的主体，对环境污染有着一定的自身净化能力，对能源消耗也有一定的循环再生机制。如果遵循不同城市的自然禀赋进行有节制、有计划的经济开发，则可以实现当地社会经济的可持续发展。反之，如果经济建设的速度和规模超出了其自然禀赋的约束线，那么当地的生态环境就会越发脆弱，久而久之经济发展和生态环保将进入恶性循环的怪圈。华北地区就是一个典型的反例，其发展了大量高耗能的重工业，而忽略了自身两面环山、大气污染物难以扩散的地理条件，因此当地大气污染物排放量远远超过了其环境可承载上限，导致华北地区成为我国大气污染最严重的典型地区之一。

面对大气污染日益严重的现状，其成因分析刻不容缓，这也是其防治政策的重要依据。但对于这一现实问题，学术界、政府部门和社会公众至今没有得到一致结论。生态环境部曾表示因采暖燃煤所导致的二氧化硫等污染物是导致大气污染的主要来源；住房和城乡建设部则认为大气污染的主要原因是汽车尾气，而非供暖；中国气象局则表示大气污染主要是由外来输送导致的；甚至有学者表示餐饮排放对大气污染有显著影响。

大气污染的研究是一个跨学科的复杂命题，需要结合多方面因素进行综合考察。一方面，大气污染问题是社会经济发展的结果，"高污染、高排放、高耗能"的经济发展方式必然带来环境污染、资源耗竭等生态问题，转变经济发展方式、提高资源利用率的现代经济可持续发展模式使得经济发展本身成为城市环境保护的有效推动力。同时，社会经济各部门对于经济发展和城市环境保护的协调发展所持续进行的制度层面的改革也对大气污染问题有着不可忽视的能动性作用。另一方面，不同城市和地区所处自然环境本身就存在差异，地形、气候以及周边自然条件都对大气质量存在影响，并随着时间推移或季节变化而变化。对于大气污染问题的研究不可以忽视当地的自然资源禀赋，而应当将自然资源条件作为控制变量，进行不同地区大气质量的横向比较。

由于自然地理因素对大气环境污染的影响这一命题具有跨学科研究性质，因此目前国内外的研究存在着截然不同的两类研究范式。第一类是用社会科学的研究方法，主要考察社会经济因素对于大气污染的影响作用，而忽略自然地理因素对不同地区大气质量的影响。第二类是从自然科学的角度出发，单纯研究诸如气候、地形或时间、季节变化等自然地理因素对于大气污染状态或监测结果的影响。而将自然地理因素和社会经济因素一同纳入考察的研究很少。笔者认为，目前我国大气污染的成因十分复杂，不仅污染源众多，而且区域间的大气污染物的传播和滞留作用也不可忽视。在研究大气污染问题时我们不仅需要从经济发展的背景出发进行分析，考虑国民经济发展现状、经济发展模式、产业结构等经济基础条件，还应该从防治的角度考察机动车排放、以煤炭和石油为主的化石燃料污染、城市规划与建设、大气污染防治制度等因素，更需要借鉴自然科学领域的诸多研究成果，将自然地理因素，如地形、降水、气象条件等纳入考察范围，全面梳理我国大气污染的成因，并作出细致分析。

第二节 大气环境监测的方法

当前我国很多城市大气质量低下，大气环境当中存在大量的大气污染物，对大气环境的质量造成了严重的影响。在对大气环境进行监测的工作当中，虽然传统的测量方式准确度良好，但是在实际的操作过程中监测仪器的体积较大，同时仪器设置的点位有着明显的局限性，很难满足大气环境监测的精细化工作需求。最近几年，传感器技术的快速发展为大气环境监测工作指明了全新的发展方向，传感器技术应用在大气环境监测工作当中，具有操作更加快速、体积更小、便于携带等优点，实现了持续动态监测。

一、大气环境监测概述

目前大气环境监测主要包括 $PM_{2.5}$、PM_{10}、SO_2、NO_2、CO、O_3 等监测，这些气体指数会因为污染源性质不同而存在差异，而且每一处大气并非只存在一种污染源，所以监测方案以及监测点的选择非常重要。另外，城市环境监测中的大气环境监测工作，还需要扩大监测范围，才能真正地研究城市和自然的关系，找到内在的规律，为城市生产生活提供指导、参考。

（一）监测指标的详细化

现如今的大气污染和以前不同，有更多的有害气体存在于大气中，因此我们需要对大气建立比较详细的监测指标，才能全面地评价大气环境质量，比如 $PM_{2.5}$、PM_{10} 等都是近些年出现的指标。除了这二者，目前我国大气污染物监测主要集中在 SO_2、NO_2、CO 等方面。随着时代发展，会有之前存在而没有被我们发现的有害气体被发现，必然会使得监测范围扩大，使得我们对大气环境质量的了解更加深入。

（二）监测方案的科学性

监测方案就是针对整个大气环境监测制订周密的监测计划，涉及监测点的选择问题。监测点选择非常重要，必须有代表性，否则不能综合反映大气环境总体质量。监测点不同，产生危害的气体的种类也不同，要根据具体情况设置具体的监测仪器。鉴于监测实效性和成本，笔者建议采用集数种功能于一身的监测仪器,现在有的仪器可以同时监测上百种有害气体,可以综合地反映监测范围内大气环境质量的真实情况。

(三)监测仪器和分析手段

大气环境监测需要高端的物理或者化学手段。在传统的监测中,SO_2 利用的是紫外荧光法,NO_2 利用的是化学发光法,CO 利用的是分散红外吸收法。这些监测方法在我国得到广泛应用,截至目前有的还在发挥作用。不过,这些监测方法对于微小颗粒的监测效果不是很好,而且无法监测一些新的污染物,在很大程度上限制了我国大气环境监测技术的发展。

现如今长光程差分吸收光谱法受到重视,因为这种方法非常精细,可以利用 180~600 Pm 的光谱扫描范围,对 100~1 000 Pm 一条线上的多种污染物进行监测。其运行机理也很简单,主要通过计算机来计算进入监测范围的不同大气污染物质,并能够对影响因素进行矫正,这种方法可以测定的气体成分有:SO_2、NO_2、O_3、NH_3、苯、二甲苯、甲醛等。

二、大气环境监测工作的建议

(一)建立更加详细的有害气体的名单

现在大气成分越来越复杂,特别是那些工业区、化学工业区,大气成分非常复杂,仅仅监测已知的有害气体还不能充分地反映大气实质情况。需要联合污染源单位,协同来了解具体生产过程,分析有害气体逸出的可能性,然后有针对性地进行监测,使得监控目标尽量完善。

（二）提升监测方案

大气污染是动态的，有很多时候是突发的，所以监测方案要有多种形式。如果经济水平允许，建议在市区内尽量多设置监测点，让监测数据更贴近事实，同时配合流动监测，以避免风向或者人为因素对污染物的影响。监测点选择主要有人口密集区、工业区、主要交通干道、大气污染严重的区域、污染物排放较为严重的区域。对于这样的典型点位必须增加监测仪器的密度，尽量真实还原大气质量状况。

不过，大气是流动的，而且会因为风向的改变导致局部污染物组成的改变，所以笔者认为除了固定的监测点，还要在有效范围内设置流动监测设备，以做到对监测点污染范围的监控，这便实现了立体监控，让监控数据能够为数据分析提供支撑，最终为百姓生产生活提供参考。

另外还要对监测气体的属性进行了解，如果某区域存在的气体对人体有害，此时监测高度要在 0.8~2m 范围内，正好是幼儿到成年人的身高范围。如果该地区气体对植物有害，就要根据植物的高度确定，一般都是以对应植物高度的中心位置为准。

在监测方案中甚至于气体取样之后，化学实验室的数据分析、质量评价和信息公布都要考虑在内，监测方案做得越详细，对城市生产生活的指导性越强。

以 PM_{10} 的监测为例，仪器选择上可以采用智能化的 PM_{10} 检测仪，其具有自动计算、自动识别滤膜、自动打印报告的功能。一般 PM_{10} 监测点选择交通要道、冬季供暖锅炉附近。在实验室的数据分析中，主要有 beta 射线法、TEOM 微量震动天平法。这两种方法有着明显差别，前者适用于大概浓度测量，而且设备相对成本低，维护方便；后者浓度测量精确，设备成本很高，维护成本巨大，适用于精度测量。因此，城市 PM_{10} 监测时，要视具体情况而选择仪器。

（三）多种监测点布置方法结合

监测点布置就是具体的监测仪器摆设位置选择布局，能否做好大气环境监测，很大程度上取决于此。布点方法主要有功能区布点法、网格布点法、扇形布点法和同心圆布点法四种。

1.功能区布点法

该种布点法踩点是根据功能区不同而不同的，针对功能区的具体特点来综合分析影响大气质量的因素，而且要结合该地区人类活动特点，主要目的是通过监测来为该区域人类活动提供参考。功能区布点法是大气环境监测的开始阶段。人类活动和区域所具有的功能布局，成为影响该地区大气质量的关键因素，所测量到的数据，反映的是一种综合作用结果。

2.网格布点法

这种监测点的布置具有一定的规律性，不过监控地区大气污染影响因素较多，这就造成网格布点法的具体布点数量少了依据。而且这种布点显然没有考虑到人为影响因素，所以监控结果和实际有害气体含量会有出入。

3.扇形布点法

对于那些风向固定的区域可以采用这种方法，这种方法突出了污染点，并以其为顶点扇形分布监控区域，在固定距离的扇形弧线上布置监测点。这种方式可以监控到污染源影响范围，为污染源处理提供参数支持。

4.同心圆布点法

对于污染较为严重的地区，采用这种方法，以污染源为圆心，以固定距离设定同心圆。以污染源为顶点，以固定角度画出射线，射线和每个圆的焦点作为监测点。不过这种监测点布置容易受到风向影响，会导致有的区域有害气体指数较高，而有的区域有害气体指数很低。一般来说，上风头的污染物会相对少，而下风头的污染物浓度高。所以，布点时考虑到风向影响，在下风头处多设置监测点。对于污染严重地区用同心圆布点法,可以避免区域遗漏。

城市环境监测中的大气环境监测工作水平提升,有赖于监测名单的详细化、监测方案的优化、监测仪器和分析手段的高端化、监测点的科学布置。

三、大气自动监测方法应用

(一)大气自动监测概述

大气自动监测工作需得到现代化监测技术的支持。在过去很长一段时间,环保部门的相关工作主要以人工的方式为主,在耗费时间的同时会降低所得结果精度,且此类型测量方式不具备连续性,容易受到诸多因素的影响,所得到的结果并不能与城市大气情况相吻合。

引入大气自动监测站后,能从根本上避免上述弊端,监测工作得以以高效率的方式运行,所得到的检测数据更为精准。大气自动监测站的顺利运行建立在大气环境监测自动分析仪的基础上。对大气自动监测站系统的构成进行分析,以系统实验室以及计算机室为核心,在此基础上设置了多个监测子站以及质量保障室。此处重点对中心计算机室进行分析,它内置有线以及无线两大模块,二者的相互配合可以完成对数据的检测,明确其变动情况,对所得到的数据进行存储与分析,加之与子站中检测仪器的配合,可以提供远程诊断等丰富的功能。质量保障室主要具备校准功能,伴随着设备的持续运行,可以对监测站中的相关设备进行分析,并提出可行的大气环境监测质量控制措施。

在大气自动监测站的所有构成组件中,大气质量自动分析仪最为关键,它对于检测城市大气污染具有重要作用。对于部分特殊区域而言,为了进一步检测大气中的各类污染物,还要在上述基础上进行优化。因此,在运用大气自动监测站的过程中,需综合实际情况进行适当的改进,与实际需求相适应。

（二）大气 $PM_{2.5}$ 自动监测方法

1.TEOM 法

TEOM 法，又可称为振荡天平法。要得到 TEOM 检测仪的支持，应选取石英锥形管并增设滤膜，构成一体震荡系统，将滤膜膨胀系数控制在较低水平。在对 $PM_{2.5}$ 浓度进行检测时，主要分析的是试管自然频率振荡现象，残留在滤膜上的颗粒物质量会出现持续性变化现象，同时振荡频率也会随之变化，便形成了振荡差异。基于对振荡频率的分析，可以得到大气中 $PM_{2.5}$ 的浓度值，以达到大气污染指标自动监测的效果。从当前行业技术来看，TEOM 监测可行性较高，得到的 $PM_{2.5}$ 浓度值与实际情况相符，可实现连续自动监测，但操作者要具备高度的技能水平，且要合理维护设备。

2.β 射线法

此方法的运行原理在于分析 $PM_{2.5}$ 对射线强度衰减的影响情况，以达到自动检测 $PM_{2.5}$ 浓度的效果。具体操作流程为：利用采样管获得大气样本，经由滤膜后，大气中含有的 $PM_{2.5}$ 颗粒会残留在该结构上，借助 β 射线穿过滤膜，$PM_{2.5}$ 颗粒物会引发 β 射线的散射现象，带来不同程度的 β 射线衰减。基于对实际衰减程度的分析，可以得到大气中 $PM_{2.5}$ 的浓度情况。此方法可操作性良好，可持续性自动监测，但抽取的样品要足够合适，否则会对监测结果造成影响。

3.光浊度法

在光照作用下使大气悬浮物产生散射光，探讨散射光的强度，由于它与悬浮物浓度呈典型正比关系，引入转换系数后便可监测 $PM_{2.5}$。总体来说，光浊度法的监测更为便捷，但伴随着折射形态的改变，所得到的检测结果的准确性无法得到有效保障。

（三）大气自动监测站的应用

此次实验的地点为我国义乌市的大气环境国控点，实验监测的指标参照相关国家标准确定。自动监测数据的对比时间为 2018 年 5 月 7 日至同年 7 月 3 日，季节为夏季，通过日均值的比较和一致性的检验以及相关性的检验进行分析，实验步骤中仪器的运行和质量的控制均符合《环境空气质量手工监测技术规范》（HJ 194—2017）的要求。

通过实验，在对 β 射线法与光浊度法的对比期间，一共得到了 67 组的日均值数据，利用 β 射线法所得到的数据要比利用光浊度法所得到的数据低 5%～10%。接着，对这两种方法进行一致性的检验，进而得出了以下结论：光浊度法可以得到具有一定准确度的大气中 $PM_{2.5}$ 的瞬时浓度，大气中的水汽对 β 射线法的影响较大，而光浊度法在采集时如果遇到雨珠，瞬时值会更高。

根据上述实验过程及结果，需要注意的是在使用 β 射线法的仪器时，应该对采样管进行加热，减少水汽的影响，且不能过分加热，需要合理利用动态加热系统。在实验时，需参照《国家环境监测网环境空气颗粒物（PM_{10}、$PM_{2.5}$）自动监测手工比对核查技术规定（试行）》，将实验方法与手工方法进行对比，在对比确定实验合理后方可进行实验。因为实验的方法较多，并且存在的影响因素较多，如地域差别、气候变化以及现场环境的变化等，所以通过实验所得到的结果只能作为参考。

四、大气环境监测传感技术应用

当前，与其他发达国家相比，我国的传感器技术在整体的精度方面相对较低，工作过程当中的一致性和稳定性不足。同时，我国国内很少有在环境监测工作当中对传感器技术加以充分运用的实例和新闻报道，针对传感器在环境监测性能以及影响因素方面的内容研究也比较浅显。传感器技术在大气环境监测工作中的应用，可以实现对大气当中的污染气体以及颗粒物质等的在线监测。

（一）大气环境监测传感技术实验分析

笔者选择市面上某品牌的三种不同类型的传感器，对大气当中的颗粒物质以及气态污染物进行了一个月的监测。其中固体颗粒物传感器采用的是我国国产品牌的光散射技术传感器，气体污染物传感器采用的是进口传感器。在进行正式监测工作之前，笔者通过气体内部的标准物质和气体混合一致性实验进行测试，对传感器组件进行优化和选择，在实际的监测工作当中，通过组网测试的方式验证了实验监测数据的有效性。

用作传感器监测数据对比的监控设备选择的是 Thermo Fisher（赛默飞世尔）品牌，监测工作原理为电化学发光法。其通过气体滤波和红外吸收的操作方式，实现了对一氧化氮和一氧化碳等有害物质的吸收和监测，通过紫外分光法对臭氧含量进行监测，通过脉冲紫外荧光检测法对二氧化碳进行监测。

笔者针对某城市的大气环境进行了一天的连续监测，使用三台不同的传感器进行同步操作，保持传感器进气口部分在同一个高度范围内，和地面之间的距离保持在 2 m。在监测工作当中，监测频率设定为每分钟一次，传感器的监测数据采样区间保持周期为一小时。大气环境监测点位于某城市的住宅区域和办公区域，周围环境没有明显的特殊污染问题，属于比较典型的环境监测区域。在大气环境监测工作当中，需要保持环境湿度在 27%～98%之间，平均值为66%，监测过程当中平均日气温为 10～12 ℃。

正式开始监测 6 h 之后，笔者对其中所有的气态污染物以及传感器所收集到的数据进行了分析，通过观察传感器数据的波动状况，将其中不合理的气体收集参数设定为无效数据并进行舍弃。该研究工作的主要目的是使用传感器对大气环境监测工作当中的颗粒物质含量进行监测，不考虑季节变化对大气环境的影响。

（二）大气环境监测传感技术结论分析

笔者通过三台不同类型的传感器，对大气当中所含有的颗粒物质进行监测，结果显示监测的固体颗粒物质的含量普遍偏高。传感器的颗粒测定值相比于我国部分控制点的监测数据来讲较低。相比于国内平均控制点 8~9 μg/m³，平均值为 9~10 μg/m³。通过该项数据可以看出，传感器所测量的固体颗粒含量的精确度还有待提升，其中传感器的大气固体颗粒物的测定值和我国监控点所得到的数据相比更加复杂，在整体的数据分布上比较接近，在测定的百分位数上基本保持相同，千位数之上与国家平均控制点的绝对误差小于 2 μg/m³。对监测数据的时间序列进行有效分析，从中可以看出传感器的监测数据和我国控制点的固体颗粒监测数据基本上保持一致。

1.监测数据和时间

三台传感器的监测数据和我国标准大气环境监测数据相比有着一定的关联。对传感器和国内大气环境控制点的质量浓度数据进行对比和分析，可以得到系数浓度分别为 0.971 和 0.902。结合上述监测数据的结果，从中可以看出传感器在测定值方面比国家标准监测数值的精确度略高。

2.监测数据相关性分析

传感器和国家内部监测控制点位，在数据之间存在的差异性比较明显。整体上来讲，传感器的测定值和国家控制监测数据之间差异不是非常大，在不同的大气质量浓度曲线当中，相对误差的分布规律基本保持相同。随着 PM$_{2.5}$ 质量浓度的不断上升，传感器和国家控制点的监测质量浓度误差范围逐渐缩小，以国家控制监测的数据作为基础，将 PM$_{2.5}$ 的质量浓度依照 20 μg/m³ 进行一个层次的划分，可以计算出传感器测定值和国家控制点之间存在的误差大小。通过数据分析得出，传感器在测定的数值上与国家控制点的监测数据相比稍微偏低，同时相对误差基本保持在-50%~0%的范围之内，整体的数据呈现出先大后小的态势。同时，在监测数据为20 μg/m³左右时平均误差最大，在41%~81%之间传感器所监测到的大气质量数据和国家监控点的大气环境监测数据相比稍微偏高，相比误差值保持在20%的范围内，并且整体的素质呈现出下降的态势。在80 μg/m³以上的测量样本相对较少，同时误差整体也比较小，在100 μg/m³附近，传感器的测定和国家控制点的监测数据基本上保持一致。

  国家控制点的监测仪器和传感器相比，对一氧化碳和二氧化碳的监测浓度误差值相对较小，可以充分满足监测工作当中的实际需求。二氧化硫的测定误差值相对较大，其中平均的误差值为56%，最小的误差值超过12%。一氧化碳、臭氧以及二氧化碳的测定误差值基本相同，其中90%的一氧化碳在每小时的质量浓度监测场误差值保持在30%以内，平均监测浓度误差值为17%；90%的臭氧在每小时的质量浓度相对误差值在50%之内，平均的误差值大约为35%。通过对国家控制点和传感器的环境监测数据进行综合分析，可知监测区域范围内没有明显的污染源排放，这可以有效证明实际监测工作当中主要的误差值源自监测仪器本身。

第三节 大气环境保护

一、合理利用环境自净作用

大气是一个容量巨大的动态平衡体，大气本身及周围环境对污染物能够进行稀释和消除。因此，合理利用这种自净作用，是有效降低大气污染的途径。

（一）大气的物理自净和化学自净

1. 物理自净

污染物进入大气层后，随着大气的流动不断地扩散和稀释，从而使其在大气中的浓度降低。烟尘、气体和经过化学转化的空中污染物通过与水分子结合和雨水的机械冲刷，再降落到地面和水环境，从而使大气得到净化。

2. 化学自净

废气通过各种途径排入大气后，废气成分之间、废气与大气成分之间可能会发生一系列化学反应，生成新的化学物质，从而使大气成分得到净化。但在这个过程中生成的一些物质甚至比原来的污染物危害更大，这是一个次生污染的问题。

在从污染源排出的污染物总量恒定的情况下，污染物的浓度在时间和空间上的分布同气象条件有直接的关系，认识并掌握气象变化规律，才可能充分利用大气的自净能力，从而减少或避免大气污染的危害。

（二）绿色植物对大气的净化作用

很多植物有过滤各种有毒有害大气污染物和净化大气的功能，树木的这种

功能尤为显著,所以绿化造林是实现环境自净的比较经济且有效的措施。植物对大气污染物的净化作用主要表现在以下几个方面:

1. 林带对烟尘粉尘的过滤

当大气流过茂密的丛林时风速大大降低,气流中携带的颗粒较大的烟尘、粉尘等就会沉降下来。另外,由于树叶上生有绒毛,有的还分泌有黏液和树脂,可以吸附大量的飘尘,而且经过自然降雨冲洗后这种吸附作用又可以恢复。研究表明,这种过滤作用以针叶林最差,常绿阔叶林中等,落叶阔叶林最强。据有关资料报道,林地每年每公顷阻挡灰尘总量:松树为 34 t,云杉为 32 t,橡树为 68 t。

2. 植物对氧气和二氧化碳的调节

植物光合作用的特点就是吸收 CO_2 并产生 O_2。据测定,每亩公园绿地每天能吸收 CO_2 900 kg,制造 O_2 600 kg。因此通过大面积植树造林,就可以得到充足的氧气供应而维持大气成分新陈代谢平衡,能较好地降低温室气体 CO_2 含量,减小温室效应的影响。

3. 植物对大气中的有毒成分的吸收

很多植物可以吸收利用大气中的有毒有害气体,只要大气中该气体的含量不超过植物受害阈值浓度,植物就不会受害而能对该有毒有害气体进行吸收利用,从而降低该气体在大气中的浓度。如受二氧化硫污染的大气通过一条长 15 m、宽 15 m 的英国梧桐树林带后,二氧化硫浓度会降低 25%~75%。植物对有毒有害气体的吸收情况见表 5-1。

表 5-1　植物对有毒有害气体的吸收情况

气体元素	相应吸收植物
硫	垂柳、臭椿、洋槐、夹竹桃、梧桐、柑橘、山楂、板栗丁香、枫树、黄瓜、芹菜、菊花
氟	拐枣、油菜、泡桐、大叶黄杨、女贞、美人蕉向日葵、菜豆、菠菜、茵麻
氯、臭氧	垂柳杉、银桦、女贞、黑枣、洋槐、紫穗槐、合欢、红柳银杏、柳杉、日本扁柏、樟树、海桐、日本女贞、夹竹桃、栋树、刺槐、悬铃木、冬青
氨	向日葵、玉米、大豆
汞	夹竹桃、棕榈、桑、人叶黄杨
醛、酮、醚	栓皮槭、桂香柳、加拿大白杨

4.部分树木具有杀菌作用

有些树木在生长过程中挥发出肉桂油和天竺葵油等多种特殊物质,这些物质对某些病原菌能起到良好的杀灭作用。

二、控制或减少污染物的排放

目前环保部门对污染物的排放实行严格的监管。下面介绍控制或减少污染物排放的主要方法:

(一) 改变燃料构成与开发新能源

在有条件的城市,要逐步推广使用天然气和石油液化气等清洁燃料,努力改变目前我国以煤为主的燃料构成;选用低硫燃料,对重油和煤炭要进行脱硫处理,改变燃料品质;开发和利用太阳能、氢燃料、地热等新能源,这些都是防治和降低二氧化硫以及烟尘等对大气污染的有效途径。

（二）区域集中供暖供热

根据供暖供热需要，在城市、村镇郊外设立大型的电热厂和供热站，实行区域集中供暖供热，是消除城镇烟尘的有效措施。集中供暖供热有利于使用高大烟囱，有利于烟气的高空排放和高效率除尘设备的使用，而且有提高热能利用率、降低燃料消耗、减少燃料运输等优点。据测定，同样的 1 t 煤，工业集中使用产生的烟量仅是居民分散使用的 1/2～1/3，产生的飘尘仅是居民分散使用的 1/4～1/5。

（三）提高烟囱排烟高度

烟气的扩散和稀释程度是与烟囱高度呈正相关的，烟囱越高越有利于烟气的扩散和稀释。据测定，一般烟囱高度超过 100 m 就可以达到明显的稀释扩散效果，烟囱过高反而加重造价投入。另外，应当指出，这是一种以扩大污染范围为代价，以减少污染源附近局部地面和大气污染的办法，其污染物的排放总量并没有减少。近年来发展起来的集中排烟法就是以提高烟囱排烟有效高度为前提的一种方法。

（四）控制废气排放时间

在风小、湿度大、气压低以及大气有逆温层存在的情况下，或是在农作物孕穗扬花季节，如有大气污染，农作物最易受伤害，造成严重后果，导致经济损失。所以应根据农作物生长情况和农作物受害特点，合理安排工厂生产，控制工业废气的排放，以防止或减轻对农作物的危害。在农作物对污染的敏感期（禾谷类农作物为孕穗扬花期，果树为开花坐果期），工厂要尽量压缩生产，必要时甚至短期停产；工厂检修设备、排空废气等生产活动尽量安排在农作物秋收之后；平时排放废气应选择风大、干燥天气进行。

三、大气环境治理的相关技术

目前大气环境治理的相关技术主要如下。

（一）脱硫技术

控制 SO_2 排放的工艺，按其在燃烧过程中所处位置可分为燃烧前脱硫、燃烧中脱硫和燃烧后脱硫三种。燃烧前脱硫主要是洗煤、煤的气化和液化。洗煤可用作脱硫的辅助手段，经济适用的煤的气化和液化技术在进一步开发之中。就燃烧中脱硫的型煤和循环流化床燃烧来说，燃用型煤比直接燃用原煤节煤又干净，较多用于中小锅炉上；国内最大的循环流化床是 75 t/h 炉型，适用于工业锅炉和采暖，国外电站应用于机组容量的有的高达 300 t/h。

燃烧后烟气脱硫技术是当前世界唯一大规模商业化应用的脱硫方式，是控制 SO_2 污染和酸雨的主要技术手段。而烟气脱硫被认为是控制 SO_2 最行之有效的途径。烟气脱硫主要有湿法、半干法、干法等。目前世界上采用烟气脱硫系统最多的国家为美国、日本和德国。其中，湿式石灰石-石膏法、喷雾干燥法、荷电干式吸收剂喷射法等是工艺成熟、应用较广的烟气脱硫方法。

减少 SO_2 污染最简单的方法是改用含硫低的燃料。据有关资料介绍，原煤经过洗选之后，SO_2 排放量可减少 30%～50%，灰分去除约 20%。另外，改烧固硫型煤、低硫油，或以天然气代替原煤，也是减少硫排放的有效途径。

（二）脱氮技术

NO_x 排放控制技术大致可分为两类：一类是脱硫技术和脱氮技术（主要是选择性催化还原技术）的组合；另一类是 SO_x/NO_x 联合脱除技术，是利用吸附剂同时脱除 SO_x 和 NO_x 的工艺。

对烟气脱硫设备进行改造以满足控制 NO_x 所要求的联合脱除工艺也是近年来开发的热点。美国阿贡国家实验室在 20 MW 燃用高硫煤锅炉上进行了喷雾干燥法联合脱硫脱氮的示范试验,通过在石灰水溶液中加入一定量的氢氧化钠,使脱氮率达到 50%。

(三)除尘技术

尘埃细粒子对人体呼吸系统、大气能见度和城市景观等都会产生极其不良的影响。随着各种除尘器的使用和对土壤扬尘、道路扬尘的控制,较易被去除的大粒子的排放水平有很大的降低,但由于细粒子的去除比较困难,其排放水平没有显著下降,它在大气气溶胶中的比例反而有所上升。因此,许多发达国家早已把大气气溶胶的环境标准由总悬浮颗粒物(TSP<100 μm)改变为对人体健康危害更大的 PM_{10},并对 PM_{10} 的污染现状、来源、环境影响、健康影响和控制对策等问题进行了一系列深入的调查研究。特别是美国经过多年的研究,注意到控制大气气溶胶的污染,不能只控制总悬浮微粒物(TSP)的排放,更应重点控制 PM_{10},甚至 $PM_{2.5}$ 的排放。为此,美国国家环境保护局(EPA)于 1997 年 6 月颁布的《大气环境质量标准》中增加了 $PM_{2.5}$ 的标准。而大量的研究表明,对人体健康和大气环境影响最大的恰恰是粒径小于 2.5 μm 的粒子。此后,在大气气溶胶的研究中,人们逐渐重视细粒子,并对 $PM_{2.5}$ 和凝结核进行系统的研究。

除尘过程的机理是将含尘气体引入具有一种或几种力作用的除尘装置,使颗粒相对其运载气流产生一定的位移,并从气流中分离出来,最后沉降到捕集表面上。颗粒的粒径大小和种类不同,所受作用力就不同,其动力学行为亦不同。颗粒捕集过程中所受的作用力有重力、离心力、惯性力、静电力、磁力和热力等。作用在运动颗粒上的流体阻力,对所有捕集过程来说都是最基本的作用力，颗粒间的相互作用力，在颗粒浓度较低时可以忽略不计。

四、大气环境保护举措

（一）提升环境保护的专项宣传

在日常工作中，政府需要进一步加强对于环境保护内容的系统化宣传，从而让广大民众可以在日常的宣传活动中全面提升对大气污染危害与环保的认知，以进一步推动广大民众在日常生活、管理与监管之中的主动参与性，从而更好地推动环境保护工作。环境保护工作的宣传核心是由政府主管部门进行主导，将环境保护的具体政策与要求下传到企业、社区等公共组织之中，以加强社会各界对环境保护的关注程度，进一步提升社会整体的环境保护意识。同时，企业需要进一步提升对绿色生产意识的关注度，结合企业的具体运作情况，创建出具有针对性的环境保护建设内容，以更好地提高企业环境保护工作的整体开展品质。社会各界也需要参与到对大气环境保护的监管之中，大气环境与每一个民众的生活都紧密相关，所以每一个民众都有责任在第一时间将具体的问题向有关部门进行反馈，进一步提高环境监督管理工作的质量。

（二）进一步科学调控工业布局

为了进一步提升环境保护工作的品质，在产业布局、能源结构调整等方面要做好有针对性的设计，特别是在产业布局的规划之中，需要切实关注对生产行业资源的科学调配，深化绿色建设工作。分析目前国内的生产行业布局可知，总体的规划与建设品质依然有着较为显著的问题，许多工业生产会带来体量较大的废气，从而对区域的大气环境造成较为突出的污染问题。为了改善这种现状，在生产行业建设区域的规划中，需要强调与关注合理性与科学性，以充分做好资源的科学规划使用。在工业区域的建设之中，需要加强对企业的有效管理，特别是企业内部设置专业化的环保设施，推动企业经济效益与环境效益的整体提升。

（三）健全污染气体的排放标准

对于企业而言，完全不产生污染气体很难做到，为了实现对大气环境的有效保护，有关部门需要进一步健全污染气体的排放标准，对企业的生产开展专项的监管，加强对企业排放体量的专项核定，对于其中的污染物质开展专业化的检测，进一步加强对企业生产的监督管控，以保证企业依据标准进行规范化排放。

例如，倘若想要全面控制汽车尾气对大气环境所带来的污染，则需要切实对汽车尾气排放的体量开展标准的管控。如对不同类型的车辆规定具体的排放要求，严格按照要求对车辆开展科学管控，这样才可以控制尾气排放所带来的负面影响。有关部门与专业工作人员需要结合实际情况来创编标准的排放方案，政府也需进一步提升对汽车生产厂商的管控，引导汽车生产厂商对现有的汽车制造技术开展有效的绿色化改进，运用专业的科学技术来控制汽车尾气的排放量，从源头上改善汽车尾气给大气带来的污染问题。

综上所述，我国需要进一步加强对大气环境的专项防护工作，通过提升环境防护宣传、调控工业生产能源结构以及创建科学的污染排放标准等诸多举措，来进一步提高国内大气环境监管工作的质量与效率。

第六章　土壤环境监测与保护

第一节　土壤及监测的相关概述

一、土壤的组成

土壤是指陆地地表具有肥力并能生长植物的疏松表层。土壤介于大气圈、岩石圈、水圈和生物圈之间，是环境的组成部分。地球的表面是岩石圈，表层的岩石经过风化作用，逐渐破坏成疏松的、大小不等的矿物颗粒，称为母质。土壤是在母质、生物、气候、地形和时间等多种成土因素的综合作用下形成的。土壤由矿物质、有机质、生物、水和空气等组成。

（一）土壤矿物质

土壤矿物质是组成土壤的基本物质，约占土壤固体部分总质量的90%，有土壤骨骼之称。土壤矿物质的组成和性质直接影响土壤的物理性质和化学性质。土壤矿物质元素的相对含量与地球表面岩石圈相似。土壤是由不同粒级的土壤颗粒组成的。土壤粒径的大小影响着土壤对污染物的吸附和解吸能力。例如，大多数农药在黏土中累积量大于砂土，而且在黏土中结合紧密不易解吸。

（二）土壤有机质

土壤有机质也是土壤形成的重要基础，它与土壤矿物质共同构成土壤的固相部分。土壤有机质绝大部分集中于土壤表层。在表层(0～15 cm 或 1～20 cm)，土壤有机质一般只占土壤干质量的 0.5%～3%。土壤有机质是土壤中含碳有机化合物的总称，由进入土壤的植物、动物、生物残骸以及施入土壤的有机肥料经分解转化逐渐形成，通常分为非腐殖物质和腐殖物质两类。非腐殖物质包括糖类化合物（如淀粉、纤维素等）、含氮有机化合物及有机磷和有机硫化合物，一般占土壤有机质总量的 10%～15%。腐殖物质指植物残体中稳定性较强的木质素及其类似物在微生物作用下部分被氧化形成的一类特殊的高分子聚合物，具有芳香族结构，含有多种功能团，如羧基、羟基、甲氧基及氨基等，具有表面吸附、离子交换、络合、缓冲、氧化还原作用及生理活性等性能。

（三）土壤生物

土壤生物是土壤有机质的重要来源，对进入土壤的有机污染物的降解及无机污染物如重金属的形态转化起着主导作用，是土壤净化功能的主要贡献者，包括微生物（细菌、真菌、放线菌、藻类等）及动物（原生动物、蚯蚓、线虫类等）。

（四）土壤水和空气

土壤水是土壤中各种形态水分的总称，是土壤的重要组成部分，它对土壤中物质的转化过程和土壤形成过程起着决定性作用。土壤水实际是含有复杂溶质的稀溶液，因此通常将土壤水及其所含溶质称为土壤溶液。土壤溶液是植物生长所需水分和养分的主要供给源。

土壤空气是存在于土壤中的气体的总称，是土壤的重要组成部分。土壤空气组成与土壤本身特性相关，也与季节、土壤水分、土壤深度条件相关。如在排水良好的土壤中，土壤空气主要来源于大气，其组分与大气基本相同，以氮、氧和二氧化碳为主；而在排水不良的土壤中氧含量下降，二氧化碳含量升高。

二、土壤背景值

土壤背景值又称土壤本底值，代表一定环境单元中的一个统计量的特征值。背景值指在各区域正常地理条件和地球化学条件下，元素在各类自然体（岩石、风化产物、土壤、沉积物、天然水、近地大气等）中的正常含量。背景值这一概念最早是地质学家在应用地球化学探矿过程中提出的。在环境科学中，土壤背景值是指在区域内很少受到人类活动影响和未受或未明显受现代工业污染与破坏的情况下，土壤固有的化学组成和元素含量水平。在环境科学中，土壤背景值是评价土壤污染的基础，同时也可作为污染途径追踪的依据。

三、土壤污染

土壤污染是指生物性污染物或有毒有害化学性污染物进入土壤后，引起土壤正常结构、组成和功能发生变化，超过了土壤对污染物的净化能力，直接或间接引起不良后果的现象。

（一）土壤污染的来源与种类

土壤中污染物的来源有两类：一类是自然污染源，主要是自然矿床风化、火山灰、地震等；另外一类是人为污染源，主要包括固体废弃物（城市垃圾、工业废渣、污泥、尾矿等）、施肥、农药喷施、污水灌溉、大气沉降等。

土壤中污染物的种类包括无机污染物和有机污染物。无机污染物包括重金属（汞 Hg、镉 Cd、铅 Pb、铬 Cr、镍 Ni、铜 Cu，锌 Zn）、非金属（砷 As、硒 Se）；有机污染物包括有机农药、酚类、氰化物、石油、苯并芘、有机洗涤剂。

（二）土壤污染的特性

"三废"物质、化学物质、农药、微生物等进入土壤并不断累积，会引起土壤的组成、结构和功能发生改变，从而影响植物的正常生长和发育，使农产品的产量与质量下降，最终影响人体健康。

1.隐蔽性和滞后性

土壤污染从产生污染到出现问题，通常会有一段很长的逐步积累的隐蔽过程。

2.持久性和难恢复性

污染物质在土壤中并不像在大气和水中那样容易扩散和稀释，土壤一旦被污染后很难恢复，土壤的污染和净化过程需要相当长的时间。尤其是重金属的污染，是不可逆的过程，现今治理技术十分有限。

（三）土壤污染的类型

土壤污染的类型按照污染物进入土壤的途径可分为水质污染型、大气污染型、农业污染型、固体废弃物污染型和生物污染型。

1.水质污染型

水质污染型是指用工业废水、城市污水和受污染的地表水进行农田灌溉，使污染物质随水进入农田土壤而造成污染。其特点是污染物集中于土壤表层，但随着污灌时间的延长，某些可溶性污染物可由表层向下渗透。

2.大气污染型

大气污染型是指空气中各种颗粒沉降物（如镉、铅、砷等）和气体，自身降落或随雨水沉降到土壤而引起的污染。其中二氧化硫、氮氧化物、氟化氢等废气，分别以硫酸、硝酸、氢氟酸等形式进入土壤，容易引起土壤酸化。

3.农业污染型

农业污染型是指农田中大量施用化肥、农药、有机肥以及农用地膜等造成的污染。如六六六、滴滴涕等在土壤中的长期残留；含氮、磷等的化肥在土壤中累积或进入地下水，成为潜在的环境污染物；农用地膜难以分解，在土壤中形成隔离层。

4.固体废弃物污染型

固体废弃物污染型是指垃圾、污泥、矿渣、粉煤灰等固体废弃物的堆积、掩埋、处理过程造成的污染。这种污染属于点源型土壤污染，其污染物的种类和性质都比较复杂。

5.生物污染型

生物污染型是指一个或几个有害的生物种群，从外界环境侵入土壤，大量繁衍，破坏原来的动态平衡，对人体健康产生不良影响的污染。造成土壤生物污染的污染物主要是未经处理的粪便、垃圾、城市生活污水、饲养场和屠宰场的污物等。其中危险性最大的是传染病医院未经消毒处理的污水和污物。

第二节　土壤环境质量监测方案

制订土壤环境质量监测方案，首先要根据监测目的和特点进行调查研究，收集相关资料，在综合分析的基础上合理布设采样点，确定监测项目和采样方法，选择监测方法，建立质量保证程序和措施，提出监测数据处理要求，并安排实施计划。

一、土壤环境监测的目的和特点

（一）土壤环境监测的目的

土壤环境监测是环境监测的重要内容之一，其目的是查清本底值，监测、预报和控制土壤环境质量。根据土壤环境监测的分类，其监测目的如下。

1. 土壤环境质量监测

土壤环境质量监测是指为了判断土壤的环境质量是否符合相关标准的规定而进行的监测，判断土壤是否被污染以及污染程度、状况，预测发展变化趋势。我国颁布了一系列标准，用于对土壤环境质量状况作出判断，同时也可用于判断土壤是否适于用作无公害农产品、绿色食品或有机食品的生产基地。

2. 土壤背景值调查

土壤背景值调查是指通过测定土壤中元素的含量，确定这些元素的背景水平和变化。土壤背景值是环境保护的基础数据，是研究污染物在土壤中变迁和进行土壤质量评价与预测的重要依据，同时能为土壤资源的保护和开发、土壤环境质量标准的制定以及农林经济发展提供依据。

3. 土壤污染监测

土壤污染监测是指对土壤各种金属、有机污染物、农药与病原菌的来源、污染水平及积累、转移或降解途径进行的监测活动。土壤污染监测的对象是对人群健康和维持生态平衡有重要影响的物质，如汞、镉、铅、砷、铜、镍、锌、硒、铬、硝酸盐、氟化物、卤化物等元素或无机污染物；石油、有机磷和有机氯农药、多环芳烃、多氯联苯、三氯乙醛及其他生物活性物质；由粪便、垃圾和生活污水引入的传染性细菌和病毒；等等。土壤污染监测是长期的、常规性的动态监测，其监测结果对掌握土壤质量状况、实施土壤污染控制防治途径和质量管理有重要意义。

4.土壤污染事故监测

土壤污染事故监测是指对废气、废水、废液、废渣、污泥以及农用化学品等对土壤造成的污染事故进行的应急监测。土壤污染事故监测需要调查引起事故的污染物的来源和种类、污染程度及危害范围等，为行政主管部门采取对策提供科学依据。

（二）土壤环境监测的特点

土壤组成的复杂性和种类的多样性，以及人类对土壤认识的局限性等给土壤环境监测工作带来了许多困难。与大气、水体环境监测相比，土壤环境监测具有以下特点。

1.复杂性

当污染物进入土壤后，其迁移、转化受到土壤性质的影响，将表现出不同的分布特征，同时土壤具有空间变异性特征，因此土壤监测中采集的样品往往具有局限性。如当污水流经农田时，污染物在其各点分布差异很大，采集的样品代表性较差，所以，样品采集时必须尽量反映实际情况，使采样误差降低至最小。

2.频次低

由于污染物进入土壤后变化慢，滞后时间长，所以采样频次低。

3.与植物的关联性

土壤是植物生长的主要环境与基质，是自然界食物链循环的基础，因此在进行土壤污染监测的同时，还要监测农作物生长发育是否受到影响以及污染物的含量水平。

二、资料的收集

需要收集的相关资料，包括自然环境和社会环境方面的资料。

自然环境方面的资料包括：土壤类型、植被、区域土壤元素背景值、土地利用、水土流失、自然灾害、水系、地下水、地质、地形地貌、气象等，以及相应的图件（如土壤类型图、地质图、植被图等）。

社会环境方面的资料包括：工农业生产布局、工业污染源种类及分布、污染物种类及排放途径和排放量、农药和化肥使用状况、污水灌溉及污泥施用状况、人口分布、地方病等及相应图件（如污染源分布图、行政区划图等）。

三、监测项目

土壤监测项目应根据监测目的确定。背景值调查研究是为了了解土壤中各种元素的含量水平，要求的测定项目多。污染事故监测仅测定可能造成土壤污染的项目。土壤质量监测测定影响自然生态和植物正常生长及危害人体健康的项目。

我国将监测项目分为3类，即规定必测项目、选择必测项目和选测项目。规定必测项目为相关规章标准要求测定的 11 个项目。选择必测项目是根据监测地区环境污染状况，确认在土壤中积累较多、对农业危害较大、影响范围广、毒性较强的污染物，具体项目由各地根据实际情况确定。选测项目指新纳入的在土壤中积累较少的污染物，由于环境污染导致土壤性状发生改变的土壤性状指标和农业生态环境指标。选择必测项目和选测项目，包括铁、锰、总钾、有机质、总氮、有效磷、总磷、水分、总硒、有效硼、总硼、总钼、氟化物、氯化物、矿物油、苯并芘、全盐量。

四、监测方法

土壤环境质量监测方法包括土壤样品预处理和分析测定方法两部分。样品预处理在下文介绍。分析测定方法常用原子吸收分光光度法、原子荧光法、气相色谱法、电化学分析法及化学分析法等。电感耦合等离子体原子发射光谱（ICP-AES）分析法、X射线荧光光谱分析法、中子活化分析法、液相色谱分析法及气相色谱-质谱（GC－MS）联用法等近代分析方法在土壤监测中也已应用。表6-1列出了《农田土壤环境质量监测技术规范》（NY/T 395—2012）规定的分析测定方法。

表6-1 《农田土壤环境质量监测技术规范》规定的分析测定方法

监测项目		监测分析方法
必测元素	镉	石墨炉原子吸收分光光度法 KI-MIBK 萃取原子吸收分光光度法
	总汞	冷原子荧光法 原子吸收法 微波消解/原子荧光法
	总砷	二乙基二硫代氨基甲酸银分光光度法 硼氢化钾-硝酸银分光光度法 氢化物-原子荧光法 微波消解/原子荧光法
	铜	火焰原子吸收分光光度法
	铅	石墨炉原子吸收分光光度法 KI-MIBK 萃取原子吸收分光光度法
	总铬	火焰原子吸收分光光度法 二苯碳酰二肼分光光度法
	锌	火焰原子吸收分光光度法
	镍	火焰原子吸收分光光度法
	六六六	气相色谱法

续表

监测项目		监测分析方法
必测元素	滴滴涕	气相色谱法
	pH	pH玻璃电极法
	铁、锰	火焰原子吸收分光光度法
	总钾	火焰原子吸收分光光度法
	有机质	重铬酸钾容量法
		燃烧氧化-非分散红外法
	总氮	半微量定氮仪法
	有效磷	钼锑抗分光光度法
	总磷	钼锑抗分光光度法
		碱熔-钼锑抗分光光度法
	总硒	氢化物发生-原子荧光法
		微波消解/原子荧光法
	有效硼	姜黄素分光光度法
	总硼	亚甲蓝分光光度法
	氟化物	离子选择电极法
	氯化物	硝酸盐滴定法
	矿物油	分子筛吸附-油分浓度仪法
	苯并芘	萃取层析-分光光度法
	水分	重量法
	全盐量	重量法

五、农田土壤环境度量评价

运用评价参数进行单项污染物污染状况、区域综合污染状况评价和划定土壤质量等级。

（一）评价参数

用于评价土壤环境质量的参数有土壤单项污染指数、土壤综合污染指数、土壤污染物超标倍数、土壤污染样本超标率、土壤污染面积超标率、土壤污染物分担率等。它们的计算方法如下：

$$土壤单项污染指数 = \frac{土壤污染物实测值}{污染物质量标准值}$$

$$土壤综合污染指数 = \sqrt{\frac{(平均单项污染指数)^2 + (最大单项污染指数)^2}{2}}$$

$$土壤污染物超标倍数 = \frac{土壤污染物实测值 - 污染物标准值}{污染物标准值}$$

$$土壤污染样本超标率(\%) = \frac{土壤超标样本总数}{监测样本总数} \times 100$$

$$土壤污染面积超标率(\%) = \frac{超标点面积之和}{监测总面积} \times 100$$

$$土壤污染物分担率(\%) = \frac{某项污染指数}{各项污染指数之和} \times 100$$

（二）评价方法

土壤环境质量评价一般以土壤单项污染指数为主，但当区域内土壤质量作为一个整体与外区域土壤质量比较时，或一个区域内土壤质量在不同历史阶段比较时，应用土壤综合污染指数评价。

土壤综合污染指数全面反映了各污染物对土壤的不同作用，同时又突出了高浓度污染物对土壤环境质量的影响，适合用来评价土壤环境的质量等级。表6-2为《农田土壤环境质量监测技术规范》（NY/T 395—2012）划定的土壤污染分级标准。

表 6-2 《农田土壤环境质量监测技术规范》划定的土壤污染分级标准

土壤级别	土壤综合污染指数（$P_综$）	污染等级	污染水平
1	$P_综 \leq 0.7$	安全	清洁
2	$0.7 < P_综 \leq 1.0$	警戒线	尚清洁
3	$1.0 < P_综 \leq 2.0$	轻污染	土壤污染超过背景值，作物开始污染
4	$2.0 < P_综 \leq 3.0$	中污染	土壤、作物均受到中度污染
5	$P_综 > 3.0$	重污染	土壤、作物受污染已相当严重

第三节　土壤样品的采集与制备

一、调查

为了使所采集的样品具有代表性，使监测结果能表征土壤污染的实际情况，监测前首先应进行污染源、污染物的传播途径、作物生长情况和自然条件等的调查研究，搞清污染土壤的范围、面积，为采样点的合理布局打基础。

二、样品的采集

样品的采集一定要保证样品具有代表性。

由于土壤具有不均一特性，所以采样时很容易产生误差，通常取若干点，组成多点混合样品，混合样品组成的点越多，其代表性越强。另外因为土壤污染具有时空特性，应注意采样时间、采样区域范围、采样深度等。

（一）布点方法

当污染源为大气点污染源时，可参照大气污染监测中有关布点内容。如：当主导风向明显时采用扇形布点法，以点源在地面射影为圆点向下风向画扇形，射线与弧交点作为采样点；如果主导风向不明显，那么用同心圆布点法，以排放源在地面射影为圆心作同心圆，射线与弧交点作为采样点。

当污染源为面源污染时，一般采用网格布点法。

对角线布点法［见图6-1（a）］：该法适用于面积小、地势平坦的受污水灌溉的田块。布点方法是由田块进水口向对角线引一斜线，将此对角线三等分，取它们的中央点作为采样点。但由于地形等其他情况，也可适当增加采样点。

梅花形布点法［见图6-1（b）］：该法适用于面积较小、地势平坦、土壤较均匀的田块，中心点设在两对角线相交处，一般设5～10个采样点。

棋盘式布点法［见图6-1（c）］：该法适用于中等面积、地势平坦、地形开阔但土壤较不均匀的田块，一般设10个以上采样点。此法也适用于受固体废物污染的土壤，因为固体废物分布不均匀，所以应设20个以上采样点。

蛇形布点法［见图6-1（d）］：该法适用于面积较大、地势不是非常平坦、土壤不够均匀的田块，布设采样点数目较多。

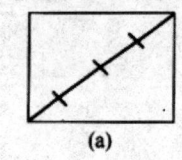

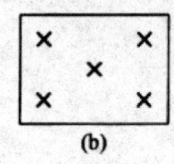

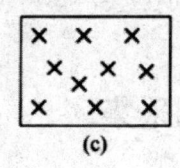

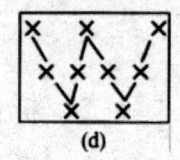

图6-1　土壤采样布点法

（二）采样深度

采样深度依监测目的确定，如果只是了解土壤的大致污染状况，只需采集表层土0～20 cm即可。但如果需要了解土壤污染深度，或者想研究污染物在土壤中的垂直分布与淋失迁移情况，就要进行分层采样。如0～20 cm、20～

40 cm、40~60 cm 分层取样。分层采样可以采用土钻，也可挖剖面采样。采样时应由下层向上层逐层采集。首先挖一个 1 m×5 m 左右的长方形土坑，深度达潜水区（约 2 m）或视情况而定。然后根据土壤剖面的颜色、结构、质地等情况划分土层。在各层内分别用小铲切取一片片土壤，根据监测目的，可取分层试样或混合体。用于重金属项目分析的样品，需将接触金属采样器的土壤弃去。

（三）采样时间

为了了解土壤污染状况，可随时采集样品进行测定，但有些时候则需根据监测目的与实际情况而定。

如果污染源为大气，则污染情况易受空气湿度、降水等影响，其危害有显著的季节性，所以应考虑季节采样；如果污染源为肥料、农药，那么应于施肥与洒药前后选择适当的时间采样；如果污染源为灌溉，那么应在灌溉前后采样。

（四）采样量

一般 1~2 kg 即可，对多点采集的混合样品，可反复按四分法弃取，最后装入塑料袋或布袋内带回实验室。

（五）采样工具

土钻，适合于多点混合样的采集；小土铲，用于挖坑取样；取样筒（金属或塑料制作）。

（六）注意事项

采样点不能设在田边、沟边、路边或堆肥边；测定金属不能用金属器皿，一般用塑料、木竹器皿；如果挖剖面分层采样，应自下而上采集；采样记录的标签应用铅笔注明样品名称、采样人、时间、地点、深度、环境特征等，袋内外各一张。

三、土壤样品的制备与储存

一些易变、易挥发项目需要使用新鲜土壤样品。这些项目包括：游离挥发酚、三氯乙醛、硫化物、低价铁、氨氮、硝氮、有机磷农药等，这些项目在风干的过程中会发生较大的变化。

因为风干土样比较容易混合均匀，重复性、准确性比较好，所以为了样品的保存与测定工作的方便，除以上需要新鲜样品测定的项目外，通常将样品做风干处理。

（一）风干

在风干室将土样放置于风干盘中，摊成 2～3 cm 的薄层，适时地压碎、翻动，拣出碎石、砂砾、植物残体。

（二）样品粗磨

在磨样室将风干的样品倒在有机玻璃板上，用木槌敲打，用木棒、有机玻璃棒再次压碎，拣出杂质，混匀，并用四分法取压碎样，过孔径 2 mm（20 目）尼龙筛。过筛后的样品全部置于无色聚乙烯薄膜上，并充分搅拌混匀，再采用四分法取其两份，一份交样品库存放，另一份用于细磨。粗磨样可直接用于土壤 pH 值、阳离子交换量、元素有效态含量等项目的分析。

（三）细磨样品

用于细磨的样品再用四分法分成两份,一份研磨到全部过孔径 0.25 mm（60 目）筛,用于农药或土壤有机质、土壤全氮量等项目分析；另一份研磨到全部过孔径 0.15 mm（100 目）筛,用于土壤元素全量分析。

（四）样品

分装研磨混匀后的样品,分别装于样品袋或样品瓶,填写土壤标签,一式两份,瓶内或袋内一份,瓶外或袋外贴一份。

（五）注意事项

制样过程中采样时的土壤标签与土壤始终放在一起,严禁错混,样品名称和编码始终不变。

制样工具每处理一份样后擦抹（洗）干净,严防交叉污染。

分析挥发性、半挥发性有机物或可萃取有机物无须上述制样过程,用新鲜样品按特定的方法进行样品前处理。

（六）样品保存

样品按名称、编号和粒径分类保存。

1.新鲜样品的保存

对于易分解或易挥发等不稳定组分的样品要采取低温保存的运输方法,并尽快送到实验室进行分析测试。测试项目需要新鲜样品的土样,采集后用可密封的聚乙烯或玻璃容器在 4 ℃以下避光保存,样品要充满容器。避免用含有待测组分或对测试有干扰的材料制成的容器盛装保存样品,测定有机污染物用的土壤样品要选用玻璃容器保存。新鲜样品的保存条件见表 6-3。

表 6-3　新鲜样品的保存条件和保存时间

测试项目	容器材质	温度/℃	可保存时间/d	备注
金属（汞和六价铬除外）	聚乙烯、玻璃	<4	180	
汞	玻璃	<4	28	
砷	聚乙烯、玻璃	<4	180	
六价铬	聚乙烯、玻璃	<4	1	
氰化物	聚乙烯、玻璃	<4	2	
挥发性有机物	玻璃（棕色）	<4	7	采样瓶装满装实并密封
半挥发性有机物	玻璃（棕色）	<4	10	采样瓶装满装实并密封
难挥发性有机物	玻璃（棕色）	<4	14	

2.预留样品

预留样品在样品库造册保存。

3.分析取用后的剩余样品

分析取用后的剩余样品，待测定全部完成数据报出后，也移交样品库保存。

4.保存时间

分析取用后的剩余样品一般保留半年，预留样品一般保留 2 年。特殊、珍稀、仲裁、有争议样品一般要永久保存。

新鲜样品的保存时间见表 6-3。

5.样品库要求

保持干燥、通风、无阳光直射、无污染；要定期清理样品，防止霉变、鼠害及标签脱落。样品入库、领用和清理均需记录。

土壤污染常规监测制样过程如图 6-2 所示。

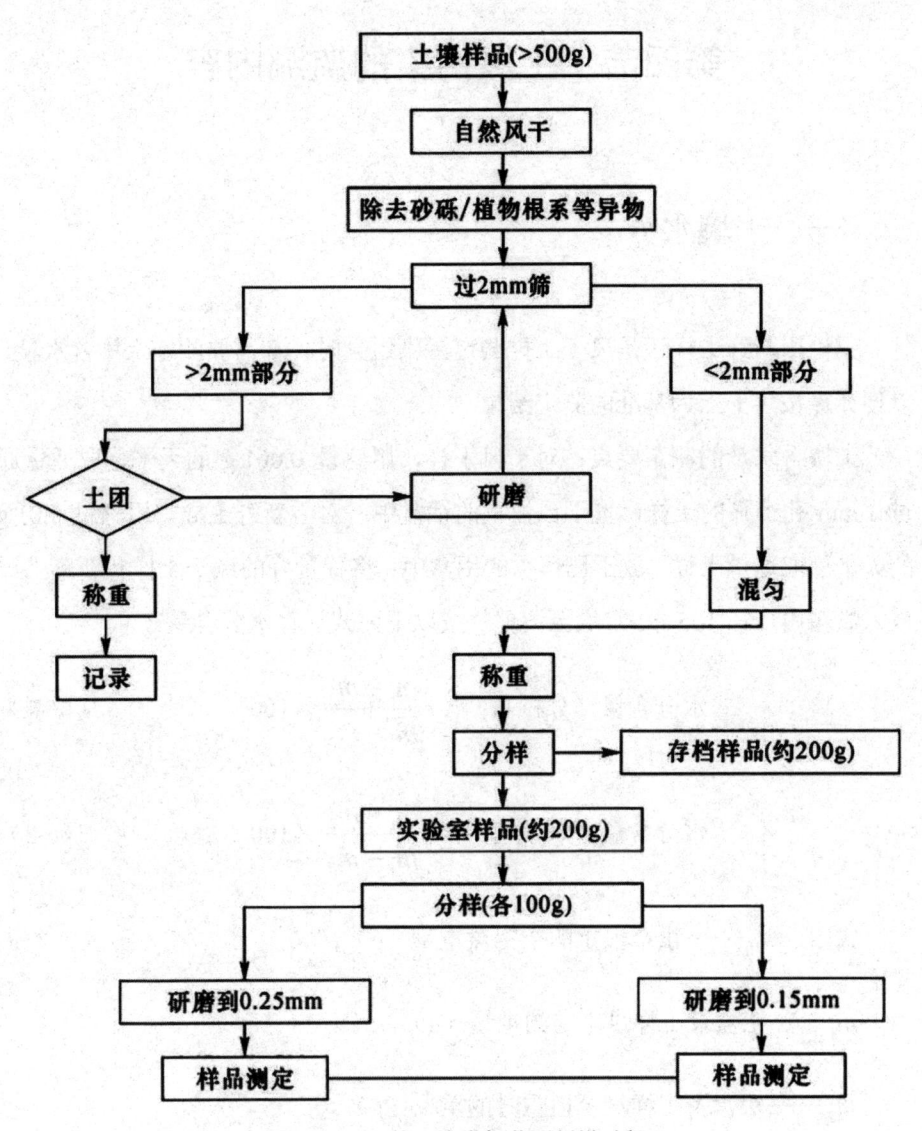

图 6-2　土壤污染常规监测制样过程

第四节　土壤污染的监测内容

一、土壤水分

无论用新鲜土样还是风干土样测定污染组分时,都需要测定土壤含水量,以便计算按烘干土为基准的测定结果。

土壤含水量的测定要点:对于风干样,用感量 0.001 g 的天平称取适量通过 1 mm 孔径筛的土样,置于已恒重的铝盒中;对于新鲜土样,用感量 0.01 g 的天平称取适量土样,放于已恒重的铝盒中;将称量好的风干土样和新鲜土样放入烘箱内,在 105±2 ℃烘至恒重,按以下两式计算水分含量:

$$水分含量(分析基)\% = \frac{m_1 - m_2}{m_1 - m_0} \times 100 \qquad (6\text{-}1)$$

$$水分含量(烘干基)\% = \frac{m_1 - m_2}{m_1 - m_0} \times 100 \qquad (6\text{-}2)$$

式中:m_0——烘至恒重的空铝盒重量(g);

m_1——铝盒及土样烘干前的重量(g);

m_2——铝盒及土样烘至恒重时的重量(g)。

二、pH 值

pH 值是土壤重要的理化参数，对土壤微量元素的有效性和肥力有重要影响。pH 值为 6.5~7.5 的土壤，磷酸盐的有效性最强。土壤酸性增强，使所含的许多金属化合物的溶解度增大，其有效性和毒性也增强。土壤 pH 值过高（碱性土）或过低（酸性土），均影响植物的生长。

测定土壤 pH 值使用玻璃电极法。其测定要点：称取通过 1 mm 孔径筛的土样 10 g 于烧杯中，加无二氧化碳蒸馏水 25 mL，轻轻摇动后用电磁搅拌器搅拌 1 min，使水和土充分混合均匀，放置 30 min，用 pH 计测量上部浑浊液的 pH 值。

测定 pH 值的土样应存放在密闭玻璃瓶中，防止空气中的氨、二氧化碳及酸碱性气体的影响。

三、可溶性盐分

土壤中可溶性盐分是用一定量的水从一定量土壤中经一定时间浸提出来的水溶性盐分。就盐分的组成而言，碳酸钠、碳酸氢钠对作物的危害最大，其次是氯化钠，而硫酸钠危害相对较轻。因此，定期测定土壤中可溶性盐分总量及盐分的组成，可以了解土壤盐渍程度和季节性盐分动态，为制定改良和利用盐碱土壤的措施提供依据。

测定土壤中可溶性盐分的方法有重量法、比重计法、电导法、阴阳离子总和计算法等，下面简要介绍应用广泛的重量法。

重量法的原理：称取通过 1 mm 筛孔的风干土壤样品 1 000 g，放入 1 000 mL 大口塑料瓶中，加入 500 mL 无二氧化碳蒸馏水，在振荡器上振荡提取后，立即抽气过滤，滤液供分析测定。吸取 50~100 mL 滤液于已恒重的蒸发皿中，置于水浴上蒸干，再在 100~105 ℃ 烘箱中烘至恒重，将所得烘干残渣用 15% 过氧化氢溶液在水浴上继续加热去除有机质，再蒸干至恒重，剩余残渣量即为可溶性盐分总量。

水土比例大小和振荡提取时间影响土壤可溶性盐分的提取，不能随便更改，以使测定结果具有可比性。此外，抽滤时尽可能快速，以减少空气中二氧化碳的影响。

四、金属化合物

下面以混酸消解-石墨炉原子吸收分光光度法测定土壤中的镉、铅为例，介绍土壤中重金属污染物的测定步骤。

（一）土壤样品的消解

采用 HCl-HNO$_3$-HNO$_3$-HClO$_4$ 混合酸消解。准确称取 0.1~0.3 g 已过 100 目尼龙筛的风干土样，于 50 mL 聚四氟乙烯坩埚中，用少许水润湿后加入 5 mL HCl，于电热板上低温加热消解（＜250 ℃，以防止镉的挥发），当蒸发至 2~3 mL 时，加入 5 mL HNO$_3$、4 mL HF、2 mL HClO$_4$，加热后于电热板上中温加热约 1 h，开盖，继续加热除硅。根据消解情况可适当补加 HNO$_3$、HF 和 HClO$_4$，直至样品完全溶解，得到清亮溶液。最后加热蒸发至近干，冷却，用 HNO$_3$ 溶解残渣，并加入基体改进剂（磷酸氢二铵溶液）做空白试验。

（二）绘制标准曲线

配制镉、铅的混合标准溶液，配制镉、铅的标准系列，分别按照仪器工作条件测定镉、铅标准系列的吸光度，绘制标准曲线。

（三）样品测定及结果计算

按照与测定标准溶液相同的工作条件，测定样品溶液的吸光度。按照下式计算土壤样品中镉、铅的含量：

$$C(\text{Cd},\text{Pb},\text{mg}/\text{kg}) = \frac{\rho \cdot V}{m(1-f)} \tag{6-3}$$

式中：ρ——样品试液的吸光度减去空白试验的吸光度后，在标准曲线上查得镉、铅的含量（mg/L）；

V——试液定容体积（mL）；

m——称取风干土样的质量（g）；

f——土壤样品的水分含量（%）。

（四）注意事项

（1）为了克服石墨炉原子吸收测定镉、铅的基体干扰，可加入基体改进剂，可适当提高灰化温度，不仅不会导致镉、铅损失，还能减少机体产生的背景吸收。

（2）由于土壤样品中镉、铅的含量低，因此在消解过程中应防止器皿的污染。

（3）使用的酸应均为优级纯。

（4）电热板的温度不宜过高，否则不仅会使待测元素挥发损失，还会使聚四氟乙烯坩埚变形。

五、有机化合物

（一）六六六和滴滴涕

六六六和滴滴涕的测定广泛使用气相色谱法。

1.方法原理

用丙酮-石油醚提取土壤样品中的六六六和滴滴涕，经硫酸净化处理后，用带电子捕获检测器的气相色谱仪测定。根据色谱峰保留时间进行两种物质异构体的定性分析；根据峰高（或峰面积）进行各组分的定量分析。

2.主要仪器及其主要部件

主要仪器是带电子捕获检测器的气相色谱仪。其主要部件包括：全玻璃系统进样器；与气相色谱仪匹配的记录仪；色谱柱；电子捕获检测器。

3.色谱条件

汽化室温度：220 ℃；柱温：195 ℃；载气（N_2）流速：40～70 mL/min。

4.测定要点

（1）样品预处理：准确称取 20 g 土样，置于索氏提取器中，用石油醚-丙酮（1∶1）提取，则六六六和滴滴涕被提取进入石油醚层，分离后用浓硫酸和无水硫酸钠净化，弃去水相，石油醚提取液定容后供测定。

（2）定性和定量分析：用色谱纯 α-六六六、β-六六六、γ-六六六、δ-六六六、P，P′-DDE、O，P′-DDT、P，P′-DDD、P，P′-DDT 和异辛烷、石油醚配制标准工作溶液；用微量注射器分别吸取 3～6 mL 标准溶液和样品试液注入气相色谱仪测定，记录标准溶液和样品试液的色谱图（见图 6-3）。根据各组分的保留时间和峰高（或峰面积）分别进行定性和定量分析。

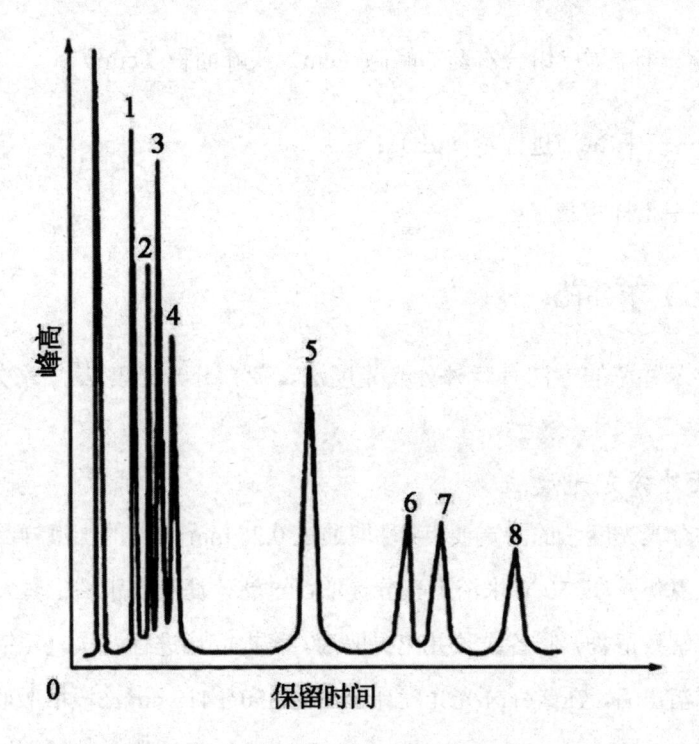

1—α-六六六；2—β-六六六；3—γ-六六六；4—δ-六六六；

5—P, P′-DDE；6—O, P′-DDT；7—P, P′-DDD；8—P, P′-DDT

图 6-3　六六六、滴滴涕气相色谱图

用外标法计算土壤样品中农药含量的计算式如下：

$$\rho_i = \frac{h_i \cdot W_{is} \cdot V}{h_{is} \cdot V_i \cdot G} \tag{6-4}$$

式中：ρ_i——样中 i 组分农药含量（mg/kg）；

h_i——土样中 i 组分农药的峰高（cm）或峰面积（cm²）；

W_{is}——标样中 i 组分农药的重量（ng）；

V——土样定容体积（mL）；

h_{is}——标样中 i 组分农药的峰高（cm）或峰面积（cm²）；

V_i——土样试液进样量（μL）；

G——土样重量（g）。

（二）苯并芘

测定苯并芘的方法有紫外分光光度法、荧光分光光度法、高效液相色谱法等。

1. 紫外分光光度法

紫外分光光度法的测定要点：称取通过 0.25 mm 筛孔的土壤样品于锥形瓶中，加入氯仿，在 50 ℃水浴上充分提取，过滤，滤液在水浴上蒸发近干，用环己烷溶解残留物，制备成苯并芘提取液。将提取液进行两次氧化铝层析柱分离纯化和溶出后，在紫外分光光度计上测定 350～410 nm 波段的吸收光谱，依据苯并芘在 365 nm、385 nm、403 nm 处有 3 个特征波峰，进行定性分析。测量溶出试液对 385 nm 紫外光的吸光度，对照苯并芘标准溶液的吸光度进行定量分析。该方法适用于苯并芘含量＞5 μg/kg 的土壤，若苯并芘含量＜5 μg/kg，则用荧光分光光度法。

2. 荧光分光光度法

荧光分光光度法是将土壤样品的氯仿提取液蒸发近干，并把环己烷溶解后的试液滴入氧化铝层析柱上，进行分离和用苯洗脱，洗脱液经浓缩后再用纸层析法分离，在层析滤纸上得到苯并芘的荧光带，用甲醇溶出，取溶出液在荧光分光光度计上测量其被 386 nm 紫外光激发后发射的荧光（406 nm）强度，对照标准溶液的荧光强度定量。

3. 高效液相色谱法

高效液相色谱法是指将土壤样品于索氏提器内用环己烷提取苯并芘，提取液注入高效液相色谱仪测定。

第五节　我国土壤污染防治与保护

土壤质量直接影响着农业生产，如果土壤受到污染，便会导致农产品质量下降，而人们食用受污染的农产品会严重危害身体健康。我国利用监测手段和修复技术，积极出台相关政策，保护了土地资源，有效提升了土地资源利用率，但是该项工作的开展依旧面临严峻的形势。

一、土壤环境污染现状

我国土壤环境整体质量偏低，土壤总的点位超标率达到 16%，其中以有机污染和无机污染为主要类型。部分地区存在严重污染问题，如珠三角、长三角等。研究发现，我国西南地区及中南地区重金属污染问题严重，自北向南无机污染含量逐渐增多。

（一）污染物超标情况

铜、汞、镍、铬为主要无机污染物，其中金属铬的点位超标率达到 7%，锌的点位超标率为 0.9%。我国无机污染情况较为普遍，重污染企业、垃圾处理场地及采矿区的无机污染尤为严重。在有机污染方面，滴滴涕超标问题尤为突出，约占污染物指标的 9%，尽管该化学物质禁用多年，但依然可在土壤环境中检测出来。

（二）不同土地利用类型土壤污染情况

我国土地利用类型包括建筑用地、工业用地、林地、耕地、草地和未利用地。我国耕地土壤主要污染类型为农药污染和重金属污染，该问题在林地、草地中同样存在。此外，工业用地、建筑用地及其他类型土地存在着不同程度的土壤污染超标问题。

二、土壤环境管理存在的问题

（一）法律法规不健全

我国为了治理土壤污染问题，出台了《中华人民共和国土壤污染防治法》，这对于推进土壤治理工作具有一定的作用，真正明确了土壤污染治理的目标和方向。但从目前实际情况来看，相关法律法规的执行效果并不佳，尤其是各个区域的土壤污染问题存在较大的差异性，在实际治理过程中，相关部门没有针对各区域的污染防治工作作出细致的规定，导致法律法规适用性不强，进而在执行过程中遇到了较大的阻力。如地方性法规的针对性不强，尤其是当前土壤污染的原因多种多样，如果没有根据实际情况进行调整和优化，则会导致部分法律法规呈现出形式化的问题。

（二）资金投入不足

我国当前土壤污染的范围较大，所以对于资金的需求也较大，但实际上我国土壤环境管理存在资金投入不足的问题，这对推进土壤污染治理工作造成了一定阻碍。相比于西方国家，我国在环境保护方面起步较晚。各地区对于政府部门的财政支出依赖性较强，缺乏多元化的资金筹集渠道，这样就导致资金投入不足。由于资金不到位，土壤污染防治的基础设施十分落后，无法适应新时期的环境保护要求。

（三）环保意识不足

土壤污染防治工作不仅是环保部门的职责，更需要社会公众的积极参与，然而，公众自身的环保意识不强，对于土壤污染问题的关注度并不高，这非常不利于土壤污染防治工作的顺利推进。尤其是部分高污染企业，为了追求眼前的经济利益，漠视法律法规，没有经过处理就将污染物直接排放到周围的土壤和河流中，这也是造成严重污染事件的主要原因。尤其是在农村地区，部分农民不了解相关的法律法规和政策要求，在农业生产中使用高污染的农药和化肥等，造成土壤环境被严重破坏。

（四）先进技术缺失

先进技术缺失也是当前土壤污染防治工作中面临的主要难题，这导致土壤环境管理整体工作效率低下，无法达到预期治理目标和要求。特别是当前污染成分呈现出复杂性和多样性的特点，利用传统的防治技术已无法实现快速治理的目标，造成了资源浪费问题。当前，土壤防治技术主要集中在化学防治、物理防治和生物防治等领域，部分技术的局限性较大，无法适应多种土壤环境管理。由于技术研发和创新力度不够，我国土壤环境保护工作的推进严重受阻。

三、防治土壤环境污染的措施

（一）重视土壤修复和污染预防工作

土壤受到污染后，很多污染物会残留在土壤中，部分污染物还会通过大气环境和地下径流大范围传播。随着绿色发展理念的提出，我国应把治理土壤环境污染问题上升到国家战略层面，在开展治理工作时，将预防措施和修复措施放在同等位置。以往我国土壤污染治理倾向于快速修复，普遍使用异位修复技术，不过治理不够彻底。要想提升土壤修复成效，要积极推广原位修复技术，减少二次污染。

（二）加强土壤环境污染修复和治理研究

西方国家开展土壤环境污染治理的时间较早，其中美国投入大量资金打造土壤修复技术研究项目，日本及欧洲同样投入大量资金开展土壤修复工作，由此说明，土壤修复技术是污染治理的研究重点。相较于发达国家，我国在修复技术投入和研究方面存在较大差距，很多技术仍处于试验阶段，以重金属研究为重点，有机物研究偏少。由于土壤环境污染治理和修复技术对污染防治效能有着直接影响，今后我国需要继续加强技术攻关，推动放射性污染治理、有机污染治理的深入研究。

（三）开展土壤环境污染调查工作

通过开展土壤环境污染调查工作，可了解污染范围、污染程度、污染类型，把调查结果作为污染防治的根本依据。地方政府必须继续推动土壤环境污染调查工作，全面掌握污染状况，以制定具有针对性的防治措施。

（四）贯彻执行《中华人民共和国土壤污染防治法》

我国于2019年施行《中华人民共和国土壤污染防治法》，该法明确了土壤污染防治原则，要求做到预防为主、保护为先，明确了地方政府部门、基层群众组织及新闻媒体的职责与义务，并且详细规定了重点监测地块，强化了风险管控和监督，明确了对污染土壤环境行为的惩戒措施。为了有效提升土壤环境治理质量，我们必须确保该法规的贯彻执行。

尽管我国土壤环境污染治理工作取得了一定成绩，但是整体形势依旧不容乐观。我们要做好预防和修复工作，合理利用工程措施、农业修复、生物修复、改良剂修复等，积极贯彻执行《中华人民共和国土壤污染防治法》，从法律、技术等多方面入手，有效推动我国环保事业发展。

四、土壤环境污染保护修复措施

为解决病原菌、抗生素、重金属等复杂的土壤环境问题，我们需要采取以下措施：

（一）工程措施

在土壤环境修复过程中，目前主要使用物理措施和化学措施，常见的物理措施包括换土法、翻土法、隔离法、热处理法、清洗法。具体来说，翻土法是把土壤表层的污染物转移到土壤深层对污染物进行稀释的方法，这种方法主要在土层深厚的土壤中使用。换土法是利用清洁土壤替换存在污染的土壤的方法，这种方法主要用于小面积存在放射性污染物的土壤。隔离法是使用塑料、水泥板等材料通过防渗作用隔离清洁土壤与污染土壤，避免污染物扩散的方法，这种方法可在农药污染地区使用。清洗法是利用稀盐酸、清水将土壤中的污染物质稀释，利用化学措施形成络合物或沉淀重金属的方法，不过该方法可能会污染地下水体。研究发现，清洗法中的 EDTA 清洗可显著减少铬含量。热处理法是利用加热措施分解污染物，之后回收处理的方法。

（二）生物修复

生物修复是利用动植物、微生物对污染物进行吸收或降解，修复土壤环境的技术。生物修复是一种无害化处理技术，主要包括动物修复、植物修复及微生物修复。动物修复指利用蚯蚓及部分鼠类降解和吸收土壤中的有害物质，改善受到轻微污染的土壤环境。植物修复指利用野生植物吸收土壤中的重金属，如蕨类植物可以吸收土壤中的金属铬，香蒲植物可以吸收土壤中的铅和锌。在矿区污染土壤及工业废水污染土壤中使用植物修复措施效果明显。微生物修复指利用部分生物的新陈代谢作用减少土壤中的毒性物质，起到土壤环境污染治理的效果，如使用降解菌提升污染物降解效率。由于部分植物能够优化微生物活性，所以微生物修复技术可以和植物修复技术配合使用。

（三）农业修复

该措施主要是指使用农业手段降低土壤中污染物含量，改善土壤环境，通常用于农业种植后受到破坏的土壤。农业修复包括：合理施加有机肥，提升土壤有机质含量，吸收土壤中的农药和重金属，促进重金属沉淀转化；提升酶的活性，增加土壤微生物数量；等等。研究发现，在水稻抽穗期至成熟期控制水分能够降低重金属含量，块根类、叶类蔬菜种植过程中选择抗性强大的品种也可以吸收土壤中的金属物质，而果树和瓜果类蔬菜在重金属污染后的土壤中种植可以减少重金属含量，确保经蔬菜摄入铅、镉、汞、砷的健康风险处于可接受水平。

（四）改良剂修复

改良剂修复指利用土壤污染物溶性净化土壤，是一种化学处理手段。结合作用机理可将改良剂修复技术分为沉淀修复、钝化修复及拮抗修复。沉淀修复可沉淀污染物，如受重金属污染的土壤可以加入生石灰，将污染物转化为氢氧化物；钝化修复可将污染物转化为迁移力更小、不容易溶解的物质，目前常用的钝化剂包括秸秆炭、腐植酸、膨润土、磷酸盐、硫酸亚铁。不过在农田土壤修复期间应尽量不使用钝化剂，否则会导致二次污染；拮抗技术利用的是离子间拮抗作用，如钙离子可以减少重金属毒性，使用碳酸钙、硫酸钙可以减少土壤重金属污染。

参 考 文 献

[1] 陈向进.遥感技术在生态环境监测中的应用[J].电子世界,2021（18）：146-147.

[2] 杜雯翠,冯科.城市化会恶化空气质量吗？—来自新兴经济体国家的经验证据[J].经济社会体制比较,2013（5）：91-99.

[3] 耿春香,刘广东.遥感技术在生态环境监测中的应用研究[J].信息记录材料,2019,20（04）：140-141.

[4] 胡莉烨.基于 ArcGIS Engine 的海洋生态环境监测技术研究与应用[D].浙江海洋大学,2017.

[5] 李斌,赵新华.经济结构、技术进步、国际贸易与环境污染：基于中国工业行业数据的分析[J].山西财经大学学报,2011,33（05）：1-9.

[6] 李海鹰.RS 与 GIS 技术在采煤塌陷区生态环境时空监测中的研究与应用[D].成都理工大学,2007.

[7] 李玉霞,杨武年,郑泽忠.中巴资源卫星（CBERS-02）遥感图像在生态环境动态监测中的应用研究[J].水土保持研究,2006（06）：198-200.

[8] 廖鹏.遥感技术在生态环境监测中的应用[J].环境与发展,2018,30（07）：90-91.

[9] 刘敏.3S 技术及其在生态环境监测中的应用[J].广东林业科技,2005（03）：71-74.

[10] 倪见.遥感技术在水生态环境管理的应用与前景[J].绿色环保建材,2020（11）：42-43.

[11] 皮建才.中国式分权下的环境保护与经济发展[J].财经问题研究,2010（06）：10-14.

[12] 钱丽萍.遥感技术在矿山环境动态监测中的应用研究[J].安全与环境工程,2008,15（04）：5-9.

[13] 申丽琼.基于"3S"技术的汶川县土地利用/覆被变化动态监测及分析[D].成都理工大学,2013.

[14] 田维渊.雅安市生态环境遥感动态监测及景观格局变化分析[D].成都理工大学,2009.

[15] 涂斌,姚笛,查小明.天然气替代燃煤集中供暖的大气污染减排效果[J].城市建设理论研究（电子版）,2015（29）：2087-2088.

[16] 王栋.遥感和 GIS 在生态环境动态监测与评价中的应用[D].太原理工大学,2009.

[17] 王俊华,代晶晶,令天宇,等.基于 RS 与 GIS 技术的西藏多龙矿集区生态环境监测研究[J].地质学报,2019,93（04）：957-970.

[18] 王希杰.基于物联网技术的生态环境监测应用研究[J].传感器与微系统,2011,30（07）：149-152.

[19] 王小鸽,胡洪涛.遥感技术在生态环境监测中的应用价值[J].资源节约与环保,2020（10）：60-61.

[20] 王勇,庄大方,徐新良,等.宏观生态环境遥感监测系统总体设计与关键技术[J].地球信息科学学报,2011,13（05）：672-678.

[21] 吴炳方,李苗苗,颜长珍,等.生态环境典型治理区 5 年期遥感动态监测[J].遥感学报,2005（01）：32-38.

[22] 熊丽君,袁明珠,吴建强.大数据技术在生态环境领域的应用综述[J].生态环境学报,2019,28（12）：2454-2463.

[23] 闫正龙，高凡，何兵.3S 技术在我国生态环境动态演变研究中的应用进展[J].地理信息世界，2019，26（02）：43-48.

[24] 杨振.中国能源消费碳排放影响因素分析[J].环境科学与管理，2010，35（11）：38-40，61.

[25] 于镇华，黄朔."3S"技术在生态环境监测中的应用[J].中央民族大学学报（自然科学版），2008，17（S1）：64-68.

[26] 袁文静，董翔宇.基于遥感技术的生态环境监测与保护应用研究[J].中国科技信息，2020（19）：89-90.

[27] 张春桂，李计英.基于 3S 技术的区域生态环境质量监测研究[J].自然资源学报，2010，25（12）：2060-2071.

[28] 张婷婷，张涛，侯俊利，等.空间信息技术在渔业资源及生态环境监测与评价中的应用[J].海洋渔业，2014，36（03）：272-281.

[29] 张增祥，彭旭龙，陈晓峰，等.生态环境综合评价与动态监测的空间信息定量分析方法及应用[J].环境科学，1999（01）：69-73.

[30] 周晨.环境遥感监测技术的应用与发展[J].环境科技，2011，24（S1）：139-141+144.